部分回转阀门电动装置智能化改造设计与实践

施云贵 项晓明 著

图书在版编目(CIP)数据

部分回转阀门电动装置智能化改造设计与实践/施云贵，项晓明著.—合肥:安徽大学出版社,2024.8
ISBN 978-7-5664-2696-3

Ⅰ.①部… Ⅱ.①施… ②项… Ⅲ.①阀门－电动控制－智能设计－研究 Ⅳ.①TH134

中国国家版本馆 CIP 数据核字(2023)第 216178 号

部分回转阀门电动装置智能化改造设计与实践
BUFEN HUIZHUAN FAMEN DIANDONG ZHUANGZHI ZHINENGHUA GAIZAO SHEJI YU SHIJIAN

施云贵 项晓明 著

出版发行：	北京师范大学出版集团 安 徽 大 学 出 版 社 (安徽省合肥市肥西路 3 号 邮编 230039) www.bnupg.com www.ahupress.com.cn
印　　刷：	江苏凤凰数码印务有限公司
经　　销：	全国新华书店
开　　本：	710 mm×1010 mm　1/16
印　　张：	11.5
字　　数：	179 千字
版　　次：	2024 年 8 月第 1 版
印　　次：	2024 年 8 月第 1 次印刷
定　　价：	52.00 元

ISBN 978-7-5664-2696-3

策划编辑：刘中飞　陈玉婷	装帧设计：李　军　孟献辉
责任编辑：王梦凡	美术编辑：李　军
责任校对：陈玉婷	责任印制：赵明炎

版权所有　侵权必究

反盗版、侵权举报电话：0551－65106311
外埠邮购电话：0551－65107716
本书如有印装质量问题，请与印制管理部联系调换。
印制管理部电话：0551－65106311

前　言

随着国家标准《智能型阀门电动装置》(GB/T 28270—2012)的成功制定和执行,我国智能型阀门电动装置已逐渐在通用功能上与国外产品达到相近的水平,但在智能化和可靠性方面还有较大的进步空间。现代智能型阀门电动装置呈现出高精度化、闭环化、人工智能化、总线化、小型化的发展态势,因此,开展阀门电动装置的智能化改造和转型升级具有深远意义。本书以部分回转阀门电动装置智能化改造设计为例,阐释了部门回转阀门电动装置智能化改造的理论依据、设计方法和实际应用。

本书针对部分回转阀门电动装置,结合机械传动原理、部分回转阀门电动装置的工作原理以及隔爆型阀门电动装置防爆要点和智能化技术,给出整机功能、电气连接、专用电机应用等技术方案。本书以上海灵动微电子股份有限公司 32 位 MM32F5 系列微控制器为核心,配以外围电路,设计智能型阀门电动装置智能控制单元,对智能控制单元各组成模块进行总体设计、硬件设计和软件设计,给出理论依据、设计思路和方法,将电气隔离技术、闭环控制技术、自校准技术、自适应技术、脉冲宽度调制控制技术、故障自诊断技术、非侵入式操控技术、现代检测技术、网络化控制技术等应用于智能化改造设计,以提高部分回转阀门电动装置的控制精度和抗干扰能力。产品组装和试验后,该装置具备智能化的特征,功能及技术参数得到优化,但在小型化、人工智能化、高精度化等方面还存在不足,尤其在可靠性方面,还需要进一步研究。

本书第1章、第2章、第3章、第4章、第6章由黄山学院机电工程学院施云贵教授撰写,第5章由黄山良业智能控制股份有限公司项晓明撰写。由于笔者水平有限,书中错漏和不足之处在所难免,敬请读者批评指正。

施云贵

2023年11月

目 录

第 1 章　绪论 / 1
　1.1　阀门电动装置智能化的研究背景及意义 / 1
　1.2　阀门电动装置智能化的研究现状及发展趋势 / 3
　1.3　智能型阀门电动装置的结构特点与特征要素 / 8
　1.4　智能型阀门电动装置的主要功能与技术参数 / 9

第 2 章　部分回转智能型阀门电动装置总体设计 / 11
　2.1　隔爆型阀门电动装置防爆要点及智能化技术关联 / 11
　2.2　部分回转智能型阀门电动装置结构及工程应用 / 13
　2.3　部分回转智能型阀门电动装置电气连接方案 / 18

第3章 部分回转智能型阀门电动装置硬件设计 / 27

3.1 智能控制单元供电电源模块设计 / 27

3.2 智能控制单元微控制器外设接口设计 / 30

3.3 电动机相序自适应功能模块设计 / 36

3.4 被控变量在线检测模块设计 / 40

3.5 现场操控人机接口模块设计 / 48

3.6 远方控制输入信号检测模块设计 / 59

3.7 自诊断信号输出模块设计 / 71

3.8 总线通信接口模块设计 / 75

第4章 部分回转智能型阀门电动装置软件设计 / 83

4.1 软件设计要求与编程策略 / 83

4.2 电动机相序自适应功能软件设计 / 90

4.3 被控变量在线检测软件设计 / 93

4.4 现场操控人机接口软件设计 / 95

4.5 远方控制输入信号检测软件设计 / 101

4.6 自诊断信号输出软件设计 / 108

4.7 自校准技术软件设计 / 110

4.8 现场总线通信软件设计 / 118

第 5 章 部分回转智能型阀门电动装置组装与试验 / 149

5.1 部分回转智能型阀门电动装置生产与组装 / 149

5.2 工作方式的组态设定 / 152

5.3 试验方法 / 166

5.4 试验项目及结果 / 167

第 6 章 结论与展望 / 171

6.1 结论 / 171

6.2 展望 / 172

参考文献 / 175

第1章 绪 论

阀门电动装置是实现阀门程控、自控和遥控不可缺少的驱动设备,其工作过程可由行程、转矩或轴向推力的大小来控制。阀门电动装置一般可分为部分回转阀门电动装置和多回转阀门电动装置两种类型,其中,部分回转阀门电动装置用于控制需要做 90°回转以实现启闭过程的阀门,如蝶阀、球阀、旋塞阀等。多回转阀门电动装置用于控制需要旋转多圈以实现启闭过程的阀门,如闸阀、截止阀等。智能型阀门电动装置(以下简称"智能电装")采用机电一体化设计,可直接驱动电动机实现阀门的开关动作,是以过程控制占据重要地位的现场控制执行机构,智能型阀门电动装置现已广泛地用于电力、冶金、石油、化工、食品、纺织、造纸、制药、水务和燃气等行业。

本书以部分回转阀门电动装置智能化改造设计为例,阐释其智能化的理论依据、设计原理和实际应用。

1.1 阀门电动装置智能化的研究背景及意义

20 世纪末,信息技术开始在世界范围内蓬勃发展。信息技术的发展也给阀门电动装置技术发展带来了巨大空间。智能型阀门电动装置摒弃了原有阀门电动装置采用的常规电接点控制电路,改用内嵌微处理器的控制单元,同时配备人机交互界面、运行数据记录、参数组态、故障自诊断和保护等功能,有的还具有数字通信接口。

根据我国标准化体系要求,2010 年,我国成功制定《隔爆型阀门电动装置技术条件》(GB/T 24922—2010)、《普通型阀门电动装置技术条件》(GB/T 24923—2010)两项国家标准,并在全国范围内实施,实现了阀门电动装置执行标准的更新换代。

为了确保我国智能型阀门电动装置技术有序发展,有效控制产品质量,全国阀门标准化技术委员会组织行业力量,经过三年努力,成功制定了我国

2　部分回转阀门电动装置智能化改造设计与实践

第一部智能型阀门电动装置国家标准《智能型阀门电动装置》(GB/T 28270—2012)。该标准于2012年12月实施,对提高我国阀门电动装置的整体技术水平起到了重要保证作用。

2013年,我国修订了《阀门手动装置技术条件》(JB/T 8531—2013)。之后,根据相关行业需求制定了《低温环境用阀门电动装置技术条件》(JB/T 13597—2018)、《船用阀门电动装置技术条件》(JB/T 13881—2020)等行业标准。

2020年1月,由我国主导制定的国际标准 *Electric actuators for industrial valves-General requirements* (ISO 22153:2020)获得国际标准化组织正式批准后颁布,并在全世界范围内实施,这在我国阀门电动装置发展史上具有划时代的意义。

我国阀门电动装置行业从1965年起步,到走出国门,主持制定国际标准ISO 22153:2020,历时56年。

从行业规模上来看,我国阀门电动装置生产厂家实现了从无到有。现如今,生产厂家的数量估计已达到200家,其中,成规模、有产品开发能力、有自主品牌、有自主知识产权的厂家已有约十家。

从加工能力上来看,从普通车床加工起步,到现在数字化生产设备得到普遍应用,阀门电动装置基本实现了主要零件箱体的加工中心加工工艺,小型箱体毛坯件的铝合金压铸工艺,中型、大型箱体毛坯件的树脂砂、消失模等先进铸造工艺,产品质量得到了显著提高。

从产量、质量、品种、规格上来看,产量实现了从无到有,目前年产量约20万台,产量、质量、品种、规格已完全满足国民经济中各行各业的需要,并部分实现了出口。

产品检测技术与设备从无到有,到现在基本实现了阀门电动装置产品质量指标的自动化、智能化检测。

产品标准从无到有,到现在不仅在国内形成了完整的阀门电动装置标准体系,而且我国制定的标准还走出了国门。

关于智能型阀门电动装置的定义,目前尚未达成共识,有研究者将其称为智能电装、非侵入式智能电装、智能型电装或智能一体化电装等。《智能型阀门电动装置》(GB/T 28270—2012)中将其定义为"内嵌微处理器的控制单元,同时具有人机交互界面、运行数据记录、参数组态、故障自诊断和保护等功能,并可具有数字通信接口的阀门电动装置"。

随着"一带一路"倡议的实施,国产高端智能型阀门电动装置的配套能力问题凸显。绝大多数设计—采购—施工总承包模式的项目都是先将国外产品采购到国内,配套阀门调试完成后再与其他国产设备共同发往国外施工现场,但国际环境日益复杂,国外产品供货能力和供货周期已成为制约项目进度的因素之一,同时,网络和信息安全问题也成为不可规避的话题,应用于电力、石油、化工及公共事业等的高端智能型阀门电动装置的国产化迫在眉睫。

"十四五"规划和《中国制造2025》为制造业的发展规划了行动纲领,旨在改善我国高端制造业长期受制于人的被动局面。发展功能先进、可靠性高的阀门电动装置是大势所趋,也是必由之路。

1.2 阀门电动装置智能化的研究现状及发展趋势

1.2.1 国内阀门电动装置智能化的研究现状

自19世纪60年代引入阀门电动装置产品开始,我国便走上了一段不平凡的自主化道路。目前,中、低端产品已完全实现自给自足且出口创收,个别高端产品崭露头角,性能和可靠性逐步接近国外同类产品的水平,产品无明显代际差。国内阀门电动装置厂家你追我赶,积极投入自主研发,行业呈现出"百花齐放、百家争鸣"的状态。国内智能型阀门电动装置具有以下几个特点。

(1)功能相对完备。国内智能型阀门电动装置已具备就地非侵入式操作、远程自动控制、电源相序自适应、数字量或模拟量信号反馈、精确位置和转矩控制、电动机过热和缺相保护、故障自诊断与报警、自动行程限位和转矩保护、友好的人机接口等通用功能,部分产品还设有程序总线网络协议(PROFIBUS)、串行通信协议(MODBUS)和集散控制系统现场总线(highway addressable remote transducer, HART)协议,可实现双向、冗余、多机通讯。为提升产品质量和适应多个行业,部分阀门电动装置厂家还进行了欧洲合格(Conformité Européenne,CE)、安全完整性等级(safety integrity level,SIL)、防爆指令(atmosphères explosibles,ATEX)等认证,认证均采用国际标准。合肥通用机械研究院还组织了专家讨论,制定了统一的评价标准,对国内多个厂家产品进行现场抽样、统一试验验证评分,以促进行业发展。

(2)采用集成电路控制,结构紧凑。国内智能型阀门电动装置多以8位或16位单片机为控制核心总调度系统的控制逻辑;行程测量以增量式绝对位置编码器为主流,保障系统掉电阀位不丢失;转矩控制通过检测力矩开关或电动机电流实现,既保证阀门密封良好,又保护阀门使其免受损伤;电源缺相保护以电动机静态时检测结果为准,保护电动机不缺相运行;就地按键指令通过干簧管或霍尔开关非侵入式输入,保证人机接口的密封性能;显示屏多以小尺寸液晶显示器(liquid crystal display,LCD)为主,界面以中英文两种方式呈现;接线腔和控制腔采用双密封结构,外壳防护等级达IP67以上;总线模块多为专业公司定制化生产,模块与阀门电动装置配套后在专业实验室进行验证,验证通过后方能应用于工业现场。

(3)型谱完善,接口多样化。从转矩10 N·m以下的精小型、4200 N·m及以下的多回转型、800 N·m及以下的整体式部分回转型到300000 N·m的部分回转型,国内均可生产,具体型谱各厂家略有差别。超临界机组阀门配套的阀门电动装置的国产化,进一步完善了高转速大转矩多回转阀门电动装置和部分回转阀门电动装置的型谱。生产厂家以其灵活的设计和相当数量的技术人员为优势,接受机械接口和电气功能特殊需求订货,相比国外产品的标准化设计实现了差异化发展,可充分满足现场的多样化需求。

1.2.2 国外阀门电动装置智能化的研究现状

目前,国外发达地区形成了电路产业集群和适宜的工业环境,阀门电动装置产品经过了严格的设计—验证—工业试验—升级的流程,产品稳定性和可靠性得到广泛认可。一级高转速阀门电动装置和涡轮齿轮箱搭配实现了大转矩输出,与相同参数的国产产品相比,价格、体积均具有明显的优势,体现了国外深厚的基础工业实力。从技术来看,国外产品有以下几个明显优势。

(1)功能完善,性能稳定。很多欧美发达国家的工业控制巨头都开发了阀门电动控制器的新产品,以满足不同工业场合的使用需求。这些产品功能完善,操作使用简单,性能稳定,支持多种控制方式,且都符合阀门电动控制器的国际通用标准,综合性能强大。生产阀门电动控制器的厂家众多,其中,著名的有德国的西门子,美国的伯雷,英国的罗托克,日本的富士、安川等公司。其中,罗托克公司的 IQ 系列智能阀门装置可以实现免开盖维护,其产品可以通过红外遥控设置阀门参数,液晶屏显示参数直观明了,外壳防护等级可以达到 IP68,兼容红外线数据协会(Infrared Data Association,IrDA)标准,能够支持计算机远程分析,阀门控制技术先进,支持多种现场总线通信协议。其他知名产品还有 SIPOS 5 系列的阀门电动控制器,它采用简单模块化设计的思路,实现电动机使用最优控制,使电动机控制精度高,利用先进的技术对电动机进行全面的保护,支持多种总线通信协议。此外,还有 ONTRAC 的智能型电动阀门装置,其定位精确,可靠性强,支持 MODBUS 和 HART 协议,可以接收模拟量或控制开关量信号控制阀门开关,有良好的机械和电动机特性。

(2)控制算法先进。国外阀门电动装置具有强大的软件设计能力和验证能力,阀门电动装置保护功能丰富。例如,控制器采用脉冲式接通电动机驱动单元,实现接近阀门终端位置时的减速或步进式运行,避免"锤击"对阀门的损坏。当打开或关闭阀门时,如果阀门被介质或机械部分卡滞或卡死,阀门电动装置软件会控制电动机向反方向运行,消除杂质或机械间隙,避免强制运行对阀门造成的损伤。部分行程测试功能可检测长期不运行或介质黏度大的阀门是否运行正常或卡滞,可设置阀门电动装置从当前位置至阀门终端位置为一个运行周期,控制器监控运行过程中执行机构的转矩、行程、电动机电流等参数,如有异常则输出报警信息。阀门电动装置控制器可记录转矩动作时间和转矩值、行程动作时间和日期、电动机连续运行时间、整机运行时间、维护周期及维护时间等参数,保证阀门电动装置运行周期有据可查。

(3)高参数领域独领风骚。德国奥玛的阀门电动装置适用温度范围为 $-65 \sim 190\ ℃$(国内产品适用温度范围为 $-40 \sim 70\ ℃$);罗托克的阀门电动装置可实现在水下 15 m、96 h 无漏点,在水下 2 m 可运行更长时间;奥玛的阀门电动装置配涡轮齿轮箱转矩可达 675000 N·m,90°旋转时间最长可达 392 s;美国福斯公司的 Accutronix MX 系列采用 15 位光学绝对编码器检测行程,行程精度可以达到0.1%(国内标准为±1%);美国乔登的阀门电动装置可实现每小时2000～4000次的超高频次起动(国内调节型阀门电动装置的标准为每小时1200次)。

(4)现场控制单元理念超前。以阀门电动装置控制器作为控制核心,采集安装环境中的压力、流程、温度等信息,根据预设参数自动调节并报送信息给集散控制系统(distributed control system,DCS)或组网控制同区域其他阀门电动装置动作,以达到环境参数调整的目的,实现现场区域分布式控制,节省DCS资源,降低集中控制风险。

虽然我国智能型阀门电动装置与国外产品相比,通用功能相差无几,且在抗干扰能力、环境适应性、产品可靠性等方面取得了长足的进步,但由于我国的工业化水平和基础研究与发达国家还存在一定的差距,所以,国内智能型阀门电动装置在智能化水平和可靠性方面还有较大的进步空间。

1.2.3 阀门电动装置智能化发展趋势

目前,在"十四五"发展规划和2035制造业高质量发展的远程目标推动下,以三维可视化技术、大数据分析、人工智能等技术为突破口,实现"能源流、信息流、业务流"一体化融合的智能化工厂的建设如火如荼。阀门电动装置目前的发展呈现出如下趋势。

(1)高精度化。目前,国内工业制造业正在以高速度、高精度、高效率为目标推动产业结构升级、产品提质增效。高分辨率编码器的开发和应用是提高阀门电动装置阀位检测精度的必要条件。目前,国内已有厂家生产出分辨率达24位的高精度绝对值编码器,最高精度可达±1(s)。其配套应用不仅能提高智能型阀门电动装置行程检测精度,而且还能提高智能型阀门电动装置阀位控制精度。

(2)闭环化。智能型阀门电动装置具有远程4～20 mA模拟信号输入调节功能。该信号通常为远程控制室调节器、可编程逻辑控制器(programmable logic controller,PLC)或DCS的模拟量输出信号,也可以为现场其他物理量变送信号,构成单回路或其他复杂调节系统。实际上,智能型阀门电动装置大多具有总线通信功能,可以将可编程调节器软件包内嵌在智能型阀门电动装置中,检测过程变量,构成比例积分微分(proportion integration differentiation,PID)单回路闭环调节或其他复杂控制系统,上位机可以通过组态实现对生产的全过程监控。

(3)人工智能化。阀门电动装置智能化已经蓬勃发展近二十年,目前仍在不断完善中。人工智能(artificial intelligence,AI)技术在民用领域的应用正如火如荼,扫地机器人、智能家居、AI可穿戴设备等已进入寻常百姓家,影响着人们的生活。AI渗入工业领域的步伐在不断加快,工业领域庞大的经济规模为其发展注入了无限活力,阀门电动装置应用AI技术已被设备厂家提上日程。目前,4G/5G、无线通信、智能语音等已被应用,未来,视频监控、深度自学习、人工智能、自动预警和环境感知等也将被应用于阀门电动装置,使其成为高度智能、安全可靠和人性化的现场执行单元,从而真正实现设备服务于人。

(4)总线化。随着数字工厂、智慧工厂和制造执行系统(manufacturing execution system,MES)日趋完善,现场总线技术逐渐成为现代化工厂标配。现场总线的标准化协议、超强组网能力和开放性等优点推动了其高速发展,为大量设备数据传输和交互提供了解决方案,其与互联网的天然结合性,使得现场总线成为设备的必备功能。目前,工业现场总线主要有HART、基金会现场总线(fieldbus foundation,FF)、PROFIBUS、分布式智能控制网络技术(LonWorks)、MODBUS、世界工厂仪表协议(world factory instrumentation protocol,World FIP)、控制器局域网(controller area network,CAN)等。阀门电动装置常见现场总线有PROFIBUS、HART、MODBUS和FF四种,其可将设备的状态、故障、运行参数、维护信息等传送至主站集散控制系统(DCS)或现场总线控制系统(fieldbus control system,FCS),并可通过控制主站或设置从站(阀门电动装置)参数实现对从站的实时监测,减少人力负荷和人工巡检成本。应用现场总线还可减少工程前期投资,缩短建设周期,减少后期维护和材料更新成本。作为设备级的阀门电动装置,具备现场总线功能符合工程实际需要,是信息化时代发展的必然需求。

(5)小型化。随着集成电路、材料技术、加工水平的不断发展和提升,同转矩下阀门电动装置外形日趋精美,体积日渐缩小。复杂电子计算技术和控制技术也使得阀门电动装置传动方式发生颠覆性的改变成为可能。直驱电动机的转子直接与阀门电动装置输出轴相连,并通过电子控制技术实现高转速下的精确定位和高转矩输出,从而省去了蜗轮蜗杆、行星齿轮等减速机构,使得阀门电动装置整机体积变小;它还通过连接行星减速器实现了大转矩输出,其体积与传统整体式阀门电动装置相比缩小了许多。阀门电动装置的小型化使得现场安装和管道系统重心设计更简便,为用户操作和日常维护提供了极大的方便。

1.3 智能型阀门电动装置的结构特点与特征要素

1. 结构特点

(1)机械结构简单。智能型阀门电动装置使用专用电动机,其输出轴前端为蜗杆,省去了传统阀门电动装置的机械结构,使整机结构变得简单、轻便。

(2)使用扭矩传感器测量力矩。传统的范围机械式阀门电动装置力矩控制使用碟簧加微动开关,力矩只能限定在一个范围,通常只能起保护作用。使用传感器测量扩大了力矩的控制范围,提升了对阀门的操控能力。

(3)使用增量编码器或绝对编码器测量位移,提高了位移测量精度。

(4)使用遥控器或者旋钮进行现场设置。

(5)采用多种总线控制方式。

2. 特征要素

(1)在不开启罩盖的情况下,能通过人机交互界面对转矩、行程和输入输出信号等参数进行设定。规定的不开盖设置可有效地保证智能型阀门电动装置的密封性,这也是智能型装置的一个基本特征。

(2)具有电源相序自适应功能。智能型阀门电动装置必须具有自动调相的功能,从而杜绝由相序改变引起的电动机反转损坏阀门电动装置的现象。

(3)运行状态指示中具有不少于 4 路的开关量输出,不少于 2 路的开关量输出在电源掉电后状态不改变,同时具有 1 路可选的模拟量信号阀位状态输出(通信控制时除外)。

(4)具有 DC 4~20 mA 远方模拟量输入、阀位模拟量输出零点以及量程自校准功能。

1.4 智能型阀门电动装置的主要功能与技术参数

1.4.1 智能型阀门电动装置的主要功能

1. 基本特性

(1)配有内嵌式微处理器。内嵌式微处理器是智能化的基础,能够使设备具有最基本的智能化能力。

(2)人机交互界面。操作人员只能通过人机交互界面与设备交互,这是基本智能化的外在形式。

(3)数据记录功能。操作人员能够利用数据记录功能查询以往的工作情况和故障状态。

(4)现场组态和故障自诊断。可以实现现场组态和故障自诊断,使智能电装适应多种现场要求,输出各种信号,使得设备工作状况能够反馈得更加完整。

(5)数字通信接口。数字通信接口为智能化、网络化水平开拓发展空间。

2. 操作与控制

(1)在不打开罩盖情况下,可通过人机界面实现就地操作与调试。

(2)远方控制和就地控制可切换。

(3)具有紧急操作功能。

(4)可遥控操作。

(5)开关型/调节型一体化(开关型无调节功能)。

(6)设置制造厂规定或客户要求的其他操作与控制功能。

3. 运行状态指示

(1)可通过人机界面显示运行状态信息。

(2)具有不少于4路开关量状态信号输出。

(3)制造厂规定或客户要求的其他运行状态指示功能。

4. 现场组态

(1)行程可在现场进行设定。

(2)远方控制和现场控制可在现场设定。

(3) 开关量输出信号可在现场进行组态。

(4) 制造厂规定或客户要求的其他组态功能可在现场设定。

5. 故障自诊断

(1) 运行过程中出现的异常情况(缺相、阀门卡滞等故障)可自行诊断。

(2) 功率控制单元的软件和硬件故障可自行诊断。

1.4.2 阀门电动装置智能化主要技术参数

阀门电动装置智能化主要技术参数见表 1-1。

表 1-1 阀门电动装置智能化主要技术参数

参数名称	技术要求
电源	三相 380 V AC ±10%,50 ±0.5 Hz; 单相 220 V AC －15%～＋10%,50 ±0.5 Hz
谐波含量	≤5%
输入信号	DC 4～20 mA;无源干接点 DC 24 V、AC 220 V
输出信号	DC 4～20 mA; 5 组现场可组态输出触点,1 组故障报警输出触点
输出触点容量	250 V AC/5 A
输出电流信号负载阻抗	50～750 Ω
短时工作制	时限为 10 min
输出扭矩、输出转速	依据规格型号确定
防护等级	IP 54、IP 55 或 IP 67
防爆标志	ExdⅡBT4Gb
环境温度	－20～60 ℃
可选环境温度	－30～70 ℃
环境湿度	≤90%(25 ℃时)
基本误差、回差、死区(可调)	1 级、2.5 级、5 级可选(仅调节型适用)

第 2 章　部分回转智能型阀门电动装置总体设计

阀门电动装置按照是否防爆/隔爆分为隔爆型和普通型两类,其中隔爆型阀门电动装置产品执行标准《隔爆型阀门电动装置技术条件》(GB/T 24922—2010),普通型阀门电动装置产品执行标准《普通型阀门电动装置技术条件》(GB/T 24923—2010)。智能型阀门电动装置产品除按照隔爆型或普通型执行标准外,还需执行标准《智能型阀门电动装置》(GB/T 28270—2012)。

2.1　隔爆型阀门电动装置防爆要点及智能化技术关联

2.1.1　隔爆型阀门电动装置防爆要点

隔爆型阀门电动装置智能化应具有以下防爆要点。

(1)隔爆型部分回转智能型阀门电动装置与隔爆型专用电动机组装后具有完整的防爆结构,防爆性能符合《爆炸性环境　第 1 部分:设备通用 要求》(GB/T 3836.1—2021)、《爆炸性环境　第 2 部分:由隔爆外壳"d"保护的设备》(GB/T 3836.2—2021)、《爆炸性环境　第 31 部分:由防粉尘点燃外壳"t"保护的设备》(GB/T 3836.31—2021)的规定。

(2)隔爆型部分回转智能型阀门电动装置的铭牌及外壳的明显处有防爆标志 ExdⅡBT4Gb,其中,Ex 代表防爆标志,d 代表隔爆型,ⅡB代表电气设备的类别,T4 代表电气设备的温度组别,Gb 代表设备保护级别。

(3)在进行电动装置的结构设计时,须充分考虑如何防止使用场所中的爆炸性混合物侵入电动装置内部,确保即使因某种原因发生爆炸也不会引起电动装置外部的爆炸性混合物爆炸。

①对于电动装置隔爆外壳的每一个零部件,精加工后均须进行水压试验。试验压力须不小于1 MPa,历时须不短于10 s,不漏水、不损坏为合格。

②组成电动装置隔爆外壳的隔爆接合面须符合 GB 3836.2—2021 的规定。

③隔爆接合面的表面粗糙度的最大允许值为 6.3 μm。

④电动装置正常运行时,其外壳表面温度应不超过 130 ℃。

(4)为了保证隔爆外壳的隔爆性能,连接用的紧固螺栓须装有防松垫圈,以防止螺栓自行松脱;螺栓和不透螺孔紧固后,还应留有螺纹余量;外壳上不透螺孔的周围及底部的厚度须不小于 3 mm。

(5)引入电动装置接线盒的电缆有 Φ7.5、Φ12.5、Φ17.5 三种,分别对应进线口处所用的三种弹性密封圈 8、13、18。进线口不引入电缆时,须装入钢质堵板,以防止形成对外的通孔。

(6)接线盒盖上须标有"严禁带电开盖"等字样。

(7)观察窗玻璃须按 GB/T 3836.1—2021 进行抗冲击实验,胶封面宽度部分应不小于 10 mm。

(8)接线盒内的接线板采用耐泄痕性为Ⅱ级的绝缘材料制成,不同点位导电零件之间的电气间隙须小于 6 mm,爬电距离须小于 10 mm。

(9)电动装置接地是为了防止漏电火花,是确保安全的重要措施。电动装置主体外壳的明显处设有外接地螺栓,接线盒内设有内接地螺栓,接地螺栓附近有接地标志"⏚"。

(10)电动装置具有一个动力进线口、一个控制进线口电缆引入装置。

2.1.2　隔爆型阀门电动装置智能化技术关联

隔爆型产品针对外壳和外壳部件、隔爆接合面、配用电动机、外壳上的观察窗或透明窗、电动装置电缆或导线、电动装置的接插件和接线空腔等的材料选用、加工精度、安装、连接方式、电气间隙和爬电距离以及各种型式试验都有明确的防爆规定。阀门电动装置智能化是在产品执行标准《隔爆型阀门电动装置技术条件》(GB/T 24922—2010)基础上的智能化。技术关联主要体现在以下几个方面。

(1)外壳观察窗须加装防爆玻璃,限定显示方式和尺寸。

(2)须在不打开罩盖情况下,以非侵入的方式切换阀门电动装置工作方式或现场操控阀门,进行参数设定,以限定操控方式和参数设定方式。

(3)与 YBDF 系列隔爆型专用电动机组装后,电动装置才具有完整的隔爆结构,如此便限定了电动机选型。

(4)隔爆要求限定了电动装置电缆或导线的选用与安装以及接插件和接线腔的连接方式,以确保这些组件在设计和安装时能够满足严格的安全标准。

2.2 部分回转智能型阀门电动装置结构及工程应用

2.2.1 产品外形结构

智能型阀门电动装置是在传统可靠的机械传动基础上,采用大规模集成电路、先进的数字控制技术、机电一体化的设计造就的新一代智能型、多功能、可遥控操作、可自诊断故障报警的阀门电动装置。部分回转智能型阀门电动装置产品外形结构由外壳、手轮、观察窗、旋钮、电缆引入装置和标志等组成,如图 2-1 所示。

图 2-1　部分回转智能型阀门电动装置产品外形结构

2.2.2 机械传动结构

部分回转阀门电动装置机械传动原理如图 2-2 所示。阀门电动装置由电动机驱动,通过蜗杆蜗轮减速,带动空心输出轴转动。在箱体中装有手动/电动切换机构,该机构在手动或电动时均可挂锁限制切换:当切换到手动位置时,可通过操作手轮或手动减速箱摇轮,使离合器带动空心输出轴转动;当电动操作阀门电动装置时,手动/电动切换机构可自行复位,离合器和蜗轮相互啮合,由电动机驱动空心输出轴,在空心输出轴转动的同时通过传感器齿轮传动将行程传输到位置传感器上。

图 2-2 阀门电动装置机械传动原理

电动装置的功能控制单元接收标准模拟信号或开关量控制信号,经过与阀门传感器的位置信号比较,将阀门电动装置的输出轴定位于和输入信号相对应的位置上,完成定位控制,也可以根据联锁控制、两线控制或事件信号定位于控制系统预先设置的位置。除非在执行过程中发生阀门电动装置的输出轴转矩值大于额定转矩值或设定转矩值的情况,否则阀门电动装置的功能控制系统会根据使用要求发出正确指令,接通电动机,驱动阀门电动装置正常运行。

阀门电动装置智能化表现为机械结构的优化设计:选择推力盘结构,使箱体负载降至最低,采用铝合金箱体材料,相对现有的铸铁箱体材料而言,减轻了重量;蜗轮蜗杆采用高强度材料,加之装置体腔内采用高性能润滑油,提高了接触强度;可选模数较小,减小了产品机械部分的体积;阀门电动装置的电器架构部分选用聚碳酸酯高强度新材料,保证了如观察窗、电器固定支架等零件的质量要求。

2.2.3 内部结构

智能型阀门电动装置采用非侵入式结构设计,现场控制旋钮为磁感应开关操作,也可通过红外手持式遥控器进行现场控制和参数设置,利用数字式专用传感器进行位置测量,利用电子式转矩传感器进行可靠的转矩测量,测量精度高且结构简单。其内部结构由七个部件组成。

(1)手轮操作机构(手动/电动切换机构)。在调试过程中和事故状态下,手动操作是必要的。智能型阀门电动装置的手动操作与一般阀门电动装置相同,手轮的类型有普通手轮、辅以接长套管的手轮、高手动速比的手轮和低手动速比的手轮等。其切换形式主要有以下两种。

①以半自动为主,电动装置由电动改变为手动时要辅以人工操作进行切换,而由手动改为电动则可自动实现。

②不需要切换机构的手动、电动方式,电动装置的减速机构采用了行星齿轮传动,在内齿轮的外圈上有蜗轮齿,与手动蜗杆啮合。当手动蜗杆转动时,转动内齿轮而使行星齿轮驱动输出轴,激活阀门启闭。这种机构使手动操作和电动操作可以同时进行且互不干涉,所以不需要切换就可以实现手动操作。

(2)液晶显示器及遥控窗口。通过防爆玻璃观察窗可以观察液晶显示器的显示状态,如参数设定、工作方式、操作状态和阀位状态等。遥控窗口用于接收红外遥控器参数设定和现场操控命令。

(3)现场、远方操作旋钮。利用磁感应旋钮和霍尔开关可在不打开罩盖的情况下切换现场/远方工作方式,在现场操控阀门的启闭。

(4)控制单元。控制单元采用嵌入式微功耗微控制器并配以外围电路,是接收输入控制电信号,控制电动机启动、停止和旋转方向,输出相应运行状态电信号的电气部件,具有人机交互界面,可以运行数据记录、参数组态、故障自诊断和保护、数字通信接口等功能,是阀门电装中集机电一体化技术、电力电子技术、数字控制技术、现场总线技术为一体的智能化设计的核心部件。

(5)接线端子盒。阀门电动装置接线端子盒是用于与现场供电电源、报警输出、模拟量输入输出、远程开关量输入等动力电源和控制信号进行电气接线的部件。该电气接线应符合图纸要求,固定牢固,导线绝缘层不得损坏,动力电源与控制信号的进线应分开设置。

(6)电动机与主传动机构。

①电动机:电动机为全封闭鼠笼式异步电动机,具有起动力矩大、惯性小的特点,适用于驱动各种阀门系统。电动机内置热敏开关,用于过热保护,防止电动机烧毁。电动机可以是三相的,也可以是单相的。

②减速机构:智能型阀门电动装置的减速机构是将电动机的速度降低为适应阀门工作要求的速度的机构。与一般阀门电动装置相同,智能型阀门电动装置所选用的减速机构有圆柱齿轮传动机构、蜗轮蜗杆传动机构、行星齿轮传动机构、一齿差或少齿差齿轮传动机构、摆线针轮传动机构以及谐波齿轮传动机构等若干种,实际应用中多采用行星齿轮传动机构。

③位置传感器:位置传感器安装在减速机构反馈轴上,主要用来反映减速后的电动机转动位置。

④转矩传感器:阀门电动机的转矩是指阀门开启或关闭所必须施加的作用力或力矩,是衡量阀门产品质量的重要指标。关闭阀门时,需要使启闭件与阀座的两个密封面之间形成一定的密封比压,同时还要克服阀杆与填充剂之间、阀杆与螺母的螺纹之间、阀杆端部支承处及其他摩擦部位之间的摩擦力,因而必须施加一定的关闭力和关闭力矩。另外,阀门启闭过程中所需要的启闭力和启闭力矩是变化的,其最大值出现在关闭的最终瞬时或开启的最初瞬时。对于某些特殊工况,启闭过程的速度有特殊要求;有的要求缓慢关闭,以防产生水击等;有的要求在紧急状态下实现快速关闭,以避免事故的发生,提高其处理能力。采用转矩传感器在线检测阀门电动机转矩,可以实现对电阀门电动装置运行转矩的有效控制。

(7)法兰。阀门电动装置的本质是电动阀门的执行机构,必须与阀体部件(如蝶阀、球阀)配套使用以构成电动阀门,用于实现工业生产过程控制。阀门电动装置与阀体部件采用法兰连接,可以实现阀门工艺介质的管道到旋转或往复运动的阀门电动装置之间的连接。法兰连接的主要特点是拆卸方便、强度高、密封性能好。安装法兰时,要求两个法兰保持平行,法兰的密封面不能有磕碰,并且要清理干净,法兰垫片也要根据设计规定选用。

2.2.4 部分回转智能型阀门电动装置工程应用

1. 电动调节阀的构成

国际电工委员会(International Electrotechnical Commission,IEC)对调节阀(国外称为控制阀)的定义为工业工程控制系统中由动力形成的终端部件。它包括一个阀体部件,内部有一个改变过程流体流率的组件,阀体部件又与一个或多个执行机构相连接。执行机构用于响应控制元件送来的信号。可见,调节阀由执行机构和阀体部件两部分组成,即调节阀=执行机构+阀体部件。其中:执行机构是调节阀的推动装置,按信号的大小产生转动或推力,使推杆旋转或产生相应位移,从而带动调节阀的阀芯;阀体部件是调节阀的调节部分,与工艺介质接触,按照执行机构的旋转或位移量改变调节阀的节流面积,达到调节的目的。

调节阀按其能量方式不同,主要可分为气动调节阀、电动调节阀和液动调节阀,它们的差别主要在于所配备的执行机构。阀门电动装置就是电动执行机构,它与阀体部件通过法兰连接成电动调节阀。部分回转智能型阀门电动装置就是与蝶阀、球阀和旋塞阀相配合构成部分回转的调节阀,其智能化的本质就是构成闭环控制系统并采用网络化监控,使其可靠性提高,故障率下降,对电动调节阀的使用要求进一步简化的过程。

2. 电动调节阀的工程应用

以储罐液位单回路控制系统为例讨论电动调节阀的工程应用,如图 2-3 所示。图中,被控变量为储罐液位,干扰量为储罐进口流量,可操纵变量为储罐出口流量。液位变送器检测储罐液位信号,变送输出 4~20 mA 信号,或以现场总线通讯方式送给控制室的调节器或控制站的 AI 输入模块,调节器或控制站依据相应的控制规律输出 4~20 mA 电流信号。电动调节阀依据该信号调节储罐出口阀门开度,改变阀门流通面积,从而实现对储罐出口流量的调节,将储罐液位稳定在控制范围内。

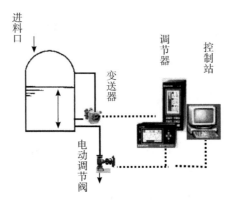

图 2-3 电动调节阀储罐液位调节工程应用

电动调节阀设计首先要从设备安全角度、工艺介质性质的角度以及经济角度考虑,确保故障状态(如断电)下的阀门处于全开或全闭状态,由此确定阀门电动装置是电开阀还是电关阀。输入信号增大时,电开阀阀门开度增大,故障状态下阀门处于全关闭状态;输入信号增大时,电关阀阀门开度减小,故障状态下阀门处于全打开状态。电动调节阀设计是阀门电动装置智能化设计不可或缺的内容之一。

工业生产过程的被控对象往往具有时间滞后、纯滞后、非线性、不确定性与时变等特点,工艺对某些被控变量控制精度的要求较高,电动调节阀调节的精度会直接影响产品产量和质量,这也对电动调节阀的阀位检测精度和控制精度提出了更高的要求。

电动调节阀安装在现场,可能安装在高温高压、腐蚀性、污染性或易燃易爆性环境中,还可能遇到安装位置不便于维修等情况,因此,电动调节阀也应具备高可靠性。智能电动调节阀应具备自诊断系统、状态切换、信号任意切换、行程任意选定、过载保护、过热保护、阀位反馈等功能。

2.3 部分回转智能型阀门电动装置电气连接方案

2.3.1 智能电装控制单元连接方案

部分回转智能电装控制单元功能连接采用接插件连接,如图 2-4 所示。该控制单元是以内嵌微控制器单元(microcontroller unit,MCU)为核心构成的主控板，通过旋钮板设置电装工作状态和操控现场阀位的开关，通过 LCD 组态设定和监控电装工作状态，根据采样隔离输入比例控制 4~20 mA 电流信号，根据比例调节阀位开度，并隔离输出阀位 4~20 mA 反馈信号，可依据旋钮工作状态远程开关量控制电装开闭，隔离输出继电器节点报警信号，主控板隔离驱动电机正反转，并自动检测三相交流电相序和缺相故障。

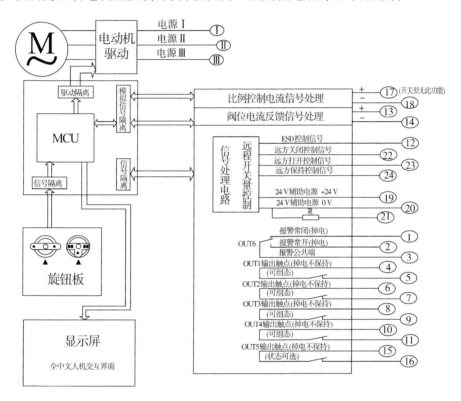

图 2-4 部分回转智能电装控制单元功能连接图

2.3.2 产品接线端子方案

智能型阀门电动装置接线端子包括动力电源接线端子和远方控制、报警输出等控制信号接线端子。部分回转智能电装接线端子图如图 2-5 所示。接线端子含义如表 2-1 所示。

图 2-5　部分回转智能电装接线端子图

表 2-1　部分回转智能电装接线端子含义

接线端子序号	接线端子名称	接线端子含义	接线端子序号	接线端子名称	接线端子含义
A	Ⅰ	交流动力电源输入端1	9	OUT 4-2	OUT 4 输出触点 2
B	Ⅱ	交流动力电源输入端2	10	OUT 3-1	OUT 3 输出触点 1
C	Ⅲ	交流动力电源输入端3	11	OUT 3-2	OUT 3 输出触点 2
1	OUT 6-1	报警输出触点常闭端(掉电状态)	12	ESD	ESD 控制信号输入端
2	OUT 6-2	报警输出触点常开端(掉电状态)	13	CPT(+)	阀位电流反馈(+)端
3	OUT 6-3	报警输出触点公共端	14	CPT(−)	阀位电流反馈(−)端
4	OUT 1-1	OUT 1 输出触点 1	15	OUT 5-1	OUT 5 输出触点 1
5	OUT 1-2	OUT 1 输出触点 2	16	OUT 5-2	OUT 5 输出触点 2
6	OUT 2-1	OUT 2 输出触点 1	17	APC(+)	阀位控制电流输入(+)(开关型无此功能)
7	OUT 2-2	OUT 2 输出触点 2	18	APC(−)	阀位控制电流输入(−)(开关型无此功能)
8	OUT 4-1	OUT 4 输出触点 1	19	24 V DC(+)	非稳压 24 V DC 输出端(+)远方无源控制公共端

续表

接线端子序号	接线端子名称	接线端子含义	接线端子序号	接线端子名称	接线端子含义
20	24 V DC(—)	非稳压 24 V DC 输出端(—)远方有源控制公共端	23	R-open	远方打开控制信号输入端
21	220 V 零线	远方高压电控制公共端	24	R-hold	远方保持信号输入端
22	R-close	远方关闭控制信号输入端	25	—	可用于用户特殊需求

2.3.3 内部驱动连接方案

智能电装内部主控板通过接插件与电控功能板及接线端子相连实现整机电气连接。以部分回转智能电装为例,部分回转智能电装内部驱动接线如图 2-6 所示。

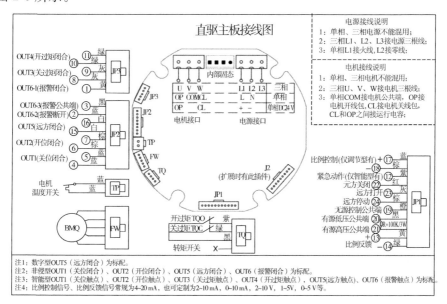

图 2-6 部分回转智能电装内部驱动连接

2.3.4 专用电动机特性与应用条件

1. 基本特性

电动装置的工作特点决定了阀门电动机的基本性能。阀门电动机以三相异步电动机为标准。为满足特殊的转矩特性和起动特性,阀门电动装置采用类似深槽形的特殊鼠笼型专用电动机。与普通三相异步电动机不同,阀门电动机应具有转矩大、起动电流大、实行短时工作制、转动惯量小、防爆性能和防护性能好等特性。

(1)转矩大。一般阀门开启和关闭到位短时间内所需的转矩值大,而在中间运行状态时所需转矩值仅为开启或关闭最大转矩值的 1/3,故阀门电动机的特点是起动转矩大,过载能力强。阀门电动机的最大转矩与额定转矩值之比大于 3,起动转矩与额定转矩值之比也大于 3。

(2)起动电流大。由于具有较大的起动转矩,所以相应的起动电流也大,因此对电气控制元器件的选用应给予充分注意。

(3)实行短时工作制。根据阀门有限行程的工作特点,阀门的操作实行断续性的短时工作制。工作时间的设定需考虑阀门电动装置开闭阀门时的操作速度(200～300 mm/min)以及容易获得的材料特性。阀门电动机的工作时间按国家标准规定为 10 min,有的国外产品为 15 min。在规定的工作时间内,电动机应以额定转矩运行,将温升等参数控制在规定值以下。

(4)转动惯量小。为改善电动机的灵敏度,必须减小转子的转动惯量。因此,采用压力铸铝鼠笼转子,缩小直径,增大轴向长度,以获得较同类直流伺服电机更小的转动惯量。缩小直径,磁密度会增大,为此应延长轴向长度,保证其磁饱和点处于远高于输出额定电压、额定功率的位置。高速转动的电动机在阀门关闭时给阀门密封附加的惯性载荷小,既可使阀门密封面可靠,又不会使阀门密封面损坏。

(5)防爆性能。因为有些阀门在爆炸性气体环境中工作,阀门电动机的结构设计应考虑防爆功能或便于派生防爆功能,以适应防爆型阀门电动装置的需要。为适应电动装置的防爆结构特点,目前所用的防爆阀门电动机均不设独立的对外接线装置,不能单独用于防爆场所。只有与防爆型电动装置组合后,防爆阀门电动机才具有真正的防爆功能,其防爆试验、审查也应于组装后进行。电动机的外壳可与防爆电动装置的控制腔形成一个防爆主腔。防爆阀门电动机的防爆等级多为 ExdIIBT4Gb,较少有 ExdIICT4Gb 或 ExdIICT6Gb,尤其是大功率电动机,更不容易实现 IIC 级防爆。

(6)防护性能。一般的阀门电动机应适应 IP65 以上的阀门电动装置使用工况。目前,大多数阀门电动装置的户外防护等级为 IP67,有些能达到

IP68。但是,阀门电动机的防护等级尚不能与之完全匹配,这一问题仍亟待解决。

2. 稳定运行条件

阀门负载是根据流量和压力而时刻变化的,难以定量分析和掌握,可以通过分析阀门电动机的稳定运行条件得到阀门负载的稳定条件。设电动机转速为 n,负载力矩为 T_L,电动机转矩为 T_m,则稳定运行条件可表示为

$$\frac{\partial T_L}{\partial n} > \frac{\partial T_m}{\partial n} \tag{2-1}$$

当 $T_L = T_m$ 时,力矩平衡。如不满足式(2-1)的要求,则不稳定。

电动机施加负载时的特性曲线如图 2-7 所示。负载特性曲线为 Ⅰ、Ⅱ 时,根据异步电动机的力矩比例推移原理可以看出,即使加速到 B 点和 D 点,也不能稳定运行,只有加速到 A 点、C 点,或者减速后停机才能进入稳定状态;负载特性曲线为 Ⅲ 时,可在 A 点稳定运行。

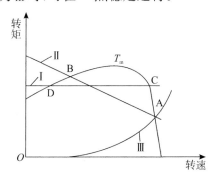

图 2-7 电动机施加负载时的特性曲线

3. 起动、制动时间

阀门电动机有时用于自动控制,但它和一般的自动控制用电动机一样有起动时间、制动时间上的问题。研究电动机运行的暂态机械现象时,相关参数可表示为

$$J\frac{d\omega}{dt} = T - T_L \tag{2-2}$$

$$E_C I = \omega T \tag{2-3}$$

$$t_2 - t_1 = \int_{\omega_1}^{\omega_2} \frac{J}{T - T_L} d\omega \tag{2-4}$$

式中：J 为折换到电动机轴上的合成惯性矩；ω 为电动机的角速度；T 为电动机产生的力矩；T_L 为负载力矩；E_c 为感应电动势；I 为负载电流；t_1 为起动/制动开始时间；t_2 为起动/制动结束时间；ω_1 为起动/制动开始时间对应的电动机角速度；ω_2 为起动/制动结束时间对应的电动机角速度。

4. 应用特性

阀门打开和关闭时电动机转矩应较大，以保证阀门的顺畅打开和严密关闭。通常情况下阀门打开和关闭时的转矩须大于公称转矩，但不能超过公称转矩的 1.8 倍。因此，对阀门电动装置配套的专用三相异步电动机的特性有如下要求。

（1）在额定电压下，电动机最初起动转矩和额定转矩之比的保证值对于 10 kW 及以下者为 3，对于其他功率者为 2.8，其容差为 -10%。

（2）在额定电压下，电动机最大转矩和额定转矩之比的保证值对于 10 kW 及以下者为 2.8，对于其他功率者为 2.4，其容差为 -10%。

（3）在额定电压下，电动机最初起动电流和额定电流之比的保证值为 7，其容差为 $+20\%$。

（4）一般情况下，阀门电动装置的转矩主要根据所配阀门的公称通径（mm）和公称压力（MPa）来设定，可参考阀门设计手册选取，并乘以系数（通常为 1.1～1.3）；阀门用三相异步电动机的功率主要根据阀门电动装置的输出转矩经各项计算后确定。

2.3.5　智能控制单元的构成

智能型阀门电动装置是在安装现场与阀门配套使用的，可以实现直行程多回转或 90°角行程部分回转，且带有智能控制单元的电动执行机构。智能型阀门电动装置的智能化主要通过采用高性能微控制器并配以外围电路构成一体化的智能控制单元来实现。为满足隔爆需求，需在不打开罩盖情况下，通过红外遥控器现场组态实现工作方式和参数的设定，通过旋钮感应实现现场/远方工作方式的切换和现场操控阀门的打开/关闭，采用 LCD 隔爆观察窗以确保用户在安全环境中实现参数设定或阀门操控状态的人机交互。智能型阀门电动装置与专用电动机配套使用，通过传动机构实现阀门的打开和关闭。智能型阀门电动装置对电动机动力电源有缺相检测、相序自动识别以及换相功能。智能型阀门电动装置可以现场通过旋钮或远方开关量形式打开和关闭阀门，也可以通过输入4～20 mA模拟信号调节阀门。采用增量式角度编码器检测阀位,并输出4～20 mA模拟量阀位反馈值。智能型阀门电动装置具有故障自诊断功能,可输出多种报警开关量,可配备多种现场总线,可适用于CAN、MODBUS-RTU、HART、PROFIBUS等通讯方式,实现控制站组态对智能型阀门电动装置运行状态和控制系统被控变量控制质量的监控。

智能电装的控制单元硬件电路由底板、主板和扩展板等组成,该控制单元以MCU为核心,对动力电源进行缺相和相序检测,输出电动机控制电源,控制电动机启动、停止和正反转,实现阀门开关和比例控制。输入信号包括转矩信号、行程信号、故障诊断信号、远方控制信号、旋钮操作信号、红外控制信号、隔离输入的比例控制信号和显示窗口信号等。输出信号包括故障报警触电信号、可组态的触电信号和隔离输出阀位开度信号等。总线接口包括(可选择)HART总线模块、MODBUS总线模块、PROFIBUS总线模块、CAN总线模块和FF总线模块。智能型阀门电动装置的控制单元构成如图2-8所示。

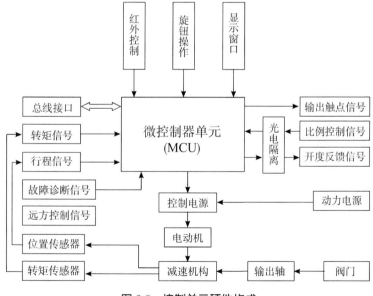

图2-8 控制单元硬件构成

第 3 章　部分回转智能型阀门电动装置硬件设计

3.1　智能控制单元供电电源模块设计

1. 设计要点

控制单元的电源采用 380 V AC/220 V AC 作为输入电源。为减少电磁干扰,采用隔离变压器隔离输出 18 V DC、24 V DC 和 5 V DC 电源。这三组电源用途不同,需抑制相互之间的噪声干扰,相互隔离。其中:18 V DC 电源用于电动机控制继电器供电等;24 V DC 用于远程开关量控制和阀位反馈电流电路供电;5 V DC 用于数字电路供电。微控制器采用 3.3 V 供电;5 V DC 用于通讯收发器隔离端供电。

2. 设计分析

(1)三组隔离输出供电电源电路设计。三组隔离输出供电电源电路如图 3-1 所示。三组隔离输出电源经整流桥整流、滤波电容滤波后得到直流电源,即经三端稳压器 7818BT、三端可调稳压器 LM317、三端稳压器 7805BT 处理分别得到 18 V DC、24 V DC、5 V DC 电源。

(2)微控制器 3.3 V 供电电源电路设计。微控制器使用的 3.3 V DC 供电电源是由 5 V DC 电源经互补金属氧化物半导体(complementary metal oxide semiconductor,CMOS)降压型电压稳压器 RT9013-33 处理得到的。微控制器 3.3 V DC 供电电源电路如图 3-2 所示。

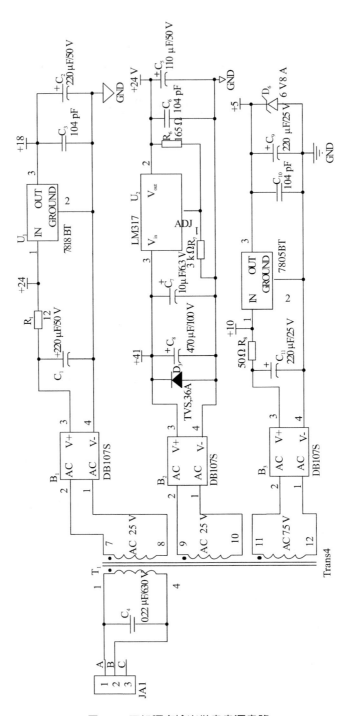

图 3-1 三组隔离输出供电电源电路

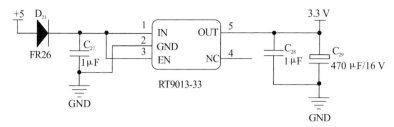

图 3-2 微控制器 3.3V DC 供电电源电路图

RT9013-33 是美森科推出的 CMOS 降压型电压稳压器,其具有高纹波抑制率、低功耗、低压差的特点,可提供过流保护和短路保护功能。这些器件具有较小的静态偏置电流(典型值为 60 μA),能在输入、输出电压差极小的情况下提取出 500 mA 的输出电流,并且仍保持良好的调整率。由于输入、输出间的电压差和静态偏置电流很小,这些器件特别适用于需要延长有用电池寿命的电池供电类产品,如计算机、消费类产品和工业设备等。这些器件通常选用 SOT 23-5 封装形式。其中,引脚 1 IN 为供电电源输入端,引脚 2 GND 为公共地端,引脚 3 EN 为使能输入端,高电平有效,引脚 5 OUT 为 3.3 V 输出端。

(3) 现场总线收发器隔离端供电电源电路设计。现场总线收发器隔离端和继电器线圈供电电源采用 +5 V DC,由三组隔离电源 24 V DC 直流电源经 DC/DC 变换器 MC33063AD 产生。现场总线收发器隔离端供电电源电路如图 3-3 所示。

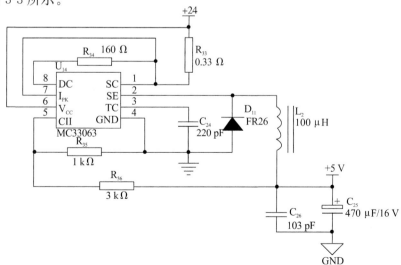

图 3-3 现场总线收发器隔离端供电电源电路

MC33063AD 器件是一款集成了 DC/DC 变换器所需要的主要功能的单片控制电路,价格低廉。MC33063AD 由具有温度自动补偿功能的基准电压发生器、比较器、占空比可控的振荡器、R-S 触发器和大电流输出开关电路等组成,可作为升压变换器、降压变换器、反向器的控制核心。由 MC33063AD 构成的 DC/DC 变换器仅需使用少量外部元器件,在各类电子产品中有广泛的应用。MC33063AD 的主要特性参数如表 3-1 所列。

表 3-1　MC33063AD 的主要特性参数

特性参数	性能指标
输入电压范围	2.5～40 V
输出电压可调范围	1.25～40 V
最大输出电流	1.5 A
最大开关频率	100 kHz

该器件选用 SOIC-8 封装形式。引脚 1 SC 为开关管 T1 集电极引出端;引脚 2 SE 为开关管 T1 发射极引出端;引脚 3 TC 为定时电容 CT 接线端;调节 CT 可使工作频率在 100 Hz～100 kHz 范围内变化;引脚 4 GND 为电源地;引脚 5 CII 为电压比较器反相输入端,同时也是输出电压取样端,使用时应外接两个精度不低于 1% 的精密电阻;引脚 6 V_{CC} 为电源输入端,引脚 7 I_{PK} 为负载峰值电流取样端,引脚 6、7 之间电压超过 300 mV 时,芯片将启动内部过流保护功能;引脚 8 DC 为驱动管 T2 集电极引出端,输出+5 V= 1.25 V$(1+R_{36}/R_{35})$=1.25 V$(1+3\ \text{k}\Omega/1\ \text{k}\Omega)$。

3.2　智能控制单元微控制器外设接口设计

3.2.1　微控制器最小系统与接口设计

1. 设计思想

微控制器是一种基于传统圆晶制造工艺的普通芯片产品。从市场份额角度来看,8 位微控制器和 32 位微控制器占据了中国 MCU 市场的主要市场份额。但随着科技的发展和生产工艺的进步,32 位微控制器的市场份额逐渐扩大并开始挤压其他微控制器产品的市场份额,其在国内市场的份额从 2015 年的 36% 增长到 2022 年的 45%。目前,8 位微控制器逐步趋于专业化,32 位微控制器成为商业化的主流产品。鉴于本书中阀门电装主要应用于工业控制场合。因此,微控制器选型原则是适用于工业控制的国产 32 位微控制器。

2. MCU 选型

本书选用 MM32F5 系列微控制器,其搭载了安谋科技 STAR-MC1 处理器内核,工作频率可达 120 MHz,内置 256 KB 内存和 192 KB 随机存储器,配置浮点运算单元(floating point unit,FPU)、数字信号处理单元(digital signal processing,DSP)、信号间互联矩阵 MindSwitch、通用逻辑单元(common logic unit,CLU)、坐标旋转数字计算器(coordinate rotation digital computer,CORDIC)等算法加速单元,且集成了丰富的外设模块和充足的 I/O 端口。本书选用 MM32F5280,相较于现有产品,该产品全面提升了性能,增大了存储容量,完善了总线架构和外设配置,力图在未来覆盖更广泛的工业、汽车和物联网应用。MM32F5 系列微控制器具有以下主要特点。

① 采用 STAR-MC1 处理器,基于 Armv8-M Mainline 指令集架构,集成 FPU 和 DSP。相同单位频率下,CoreMark 性能相较于 Cortex-M3 和 Cortex-M4 提升约 20%。

② 采用 4 KB L1 I-Cache 和 4 KB L1 D-Cache。

③ 高达 256 KB 内置内存。

④ 高达 192 KB 内置随机存储器。

⑤ 内置四线串行外设接口(quad serial peripheral interface,QSPI)接口,支持程序在线执行。

⑥ 内置灵活静态存储器控制器(flexible static memory controller,FSMC)并行存储器接口。

⑦ 具有 2 个 12 位逐次逼近寄存器模-数转换器(successive approximation register analog-to-digital converter,SAR ADC),采样率高达 3 MSPs,最高可配置 24 个外部通道,最高可支持 256 倍硬件过采样。

⑧ 具有 2 个 12 位数模转换器(digital-to-analog converter,DAC)和 3 个比较器。

⑨具有7个16位定时器和2个32位定时器。

⑩具有8个通用异步接收发送设备(universal asynchronous receiver/transmitter,UART)接口(包含1个低功耗通用异步接收/发送装置)、3个串行通信协议(serial peripheral interface,SPI)接口、3个I²S接口、2个I²C接口。

⑪具有1个通用串行总线即时通(universal serial bus on-the-go, USB OTG)全速接口。

⑫具有2个灵活控制器局域网络(flexible controller area network, FlexCAN)接口。

⑬支持的温度范围为-40~105 ℃。

⑭采用LQFP144、LQFP100和LQFP64封装形式。

3. 设计分析

本设计选用型号为MM32F5287K7PV的微控制器,采用LQFP64封装技术封装,引脚分布如图3-4所示。

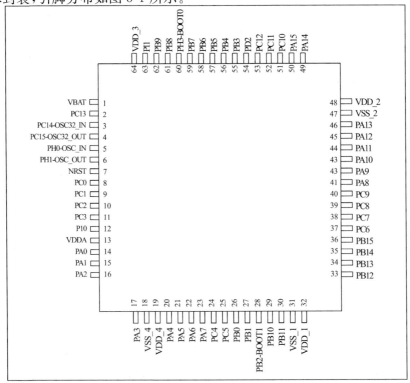

图3-4　LQFP64引脚分布

微控制器 MM32F5287K7PV 最小系统及外设器件接口设计如图 3-5 所示，其中包括电源、复位电路、外部晶振等。

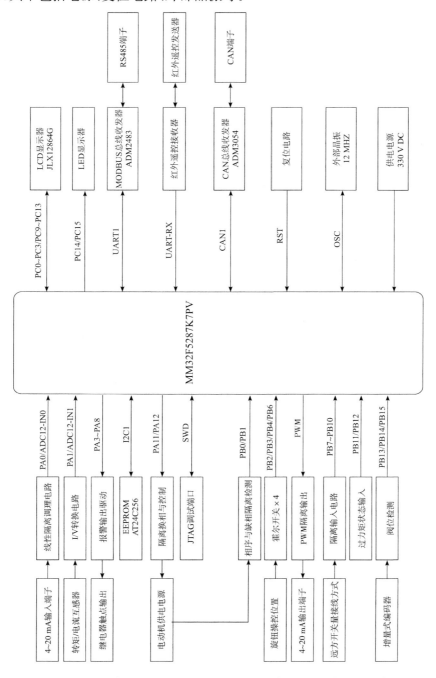

图 3-5 微控制器 MM32F5287K7PV 最小系统及外设器件接口设计

为提高系统的稳定性,每个 V_{DD} 附近都要就近放置 1 个 100 μF 的去耦电容。MM32F5277E9PV 有 4 个 V_{DD} 引脚、1 个 V_{DDA} 引脚和 1 个 V_{BAT} 引脚,因此需要放置 6 个去耦电容。由产品手册可知,为保证复位电路的系统稳定工作,需在复位引脚添加 1 个上拉电阻和 1 个接地的电容。外部高速时钟采用有源高精度(12.000 MHz)晶振,配合 22 pF 的负载电容和 510 kΩ 的反馈电阻工作。

微控制器 MM32F5287K7PV 外设器件接口设计包括红外线遥控组态与控制、电动机供电电源相序检测与控制、现场与远方开关控制与显示、阀位与转矩在线检测、模拟量调节线号输入与输出、CAN 与 MODBUS 通信以及电可擦编程只读存储器 (electrically-erasable programmable read-only memory,EEPROM) 等。

3.2.2 数据掉电保护接口电路设计

1. 设计思想

智能型阀门电动装置数据掉电保护接口的电路设计一方面需要考虑工作参数的设定,另一方面需要考虑隔离输出 4~20 mA 阀位反馈信号。这需要通过脉冲宽度调制(pulse width modulation,PWM)及 V/I 转换来实现,其零点及量程调整需要至少 2 个电位器;而为隔离输入的 4~20 mA 远方调节信号,需要调节信号并进行 A/D 转换,其零点及量程的调整也至少需要 2 个电位器。

另外,对运行数据(运行时间、开关次数、故障报警等)需要进行实时记录。智能型电装具有历史数据记录功能,可在电装运行过程中实时记录包括力矩、操作状态、报警信号在内的各项参数,并以时间表的形式储存在 EEPROM 中。当用户需要这些信息时,可通过红外线接口或蓝牙接口调出或下载到移动设备中,以供查阅和分析。

EEPROM 虽然为只读存储器,但是其擦除和写入都均由电路直接控制,不需要额外使用外部设备,即设备在运行过程中可随时擦除和写入。EEPROM 可以字节为单位修改数据,无须擦除整个芯片,且掉电后数据不丢失,一般用来存储一些配置信息,以便系统重新上电时加载。

2. 设计要点

设计 EEPROM 的目的是保证工作参数在掉电后不丢失,并通过软件策应实现无电位器状态下输入输出模拟信号零点、量程的自校准以及重要运行数据的实时记录。

本设计的 EEPROM 采用 AT24C256,它是基于 I^2C-BUS 的串行存储器件,遵循两线制协议,容量为 256 KB。其具有接口连接方便、体积小、数据掉电不丢失等特点,在仪器仪表及工业自动化控制中得到广泛应用。

微控制器 MM32F5287K7PV 配有 I^2C 内部集成电路接口,微控制器通过 I^2C 总线接口可实现芯片间的串行互联。所有 I^2C 总线的特定序列、协议仲裁和时序,都可以通过 I^2C 提供的多主功能来控制。I^2C 总线是一种两线制串行接口,串行数据线(serial data,SDA)和串行时钟线(serial clock,SCL)在连接到总线的器件间传递信息,每个器件都可以通过一个唯一的地址进行识别,且都可以作为发送器或接收器。此外,器件在执行数据传输时也可以分为主器件和从器件。主器件是在总线上发起数据传输,并产生允许该传输的时钟信号的器件,任何被寻址的器件都可被认为是从器件。I^2C 有三种速率模式可供选择,分别为标准模式(数据传输速率最大为 100 kbit/s)、快速模式(数据传输速率最大为 400 kbit/s)、超快速模式(数据传输速率最大为 1 Mbit/s)。

3. 设计分析

AT24C256 与微控制器的接口非常简单,如图 3-6 所示。A_0、A_1、A_2 为器件地址线,WP 为写保护引脚,SCL、SDA 为两线制串行接口,符合 I^2C 总线协议。

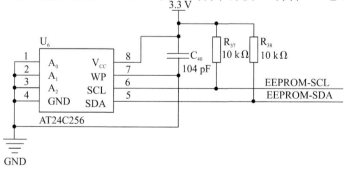

图 3-6 AT24C256 与微控制器接口电路

因设计采用单片 AT24C256，器件地址线 A_0、A_1、A_2 接地，两线制串行接口 SCL、SDA 外接上拉电阻，SCL 通过网络标号 EFPROM-SCL 与微控制器 PA9/I²C1-SCL 端口相连，SDA 通过网络标号 EEPROM-SDA 与微控制器 PA10/I²C1-SDA 端口相连。微控制器 MM32F5287K7PV 在 SDA、SCL 与 AT24C256 之间传递信息，读写电装工作参数设置和隔离输入和输出的 4～20 mA 模拟量的零点量程校准值，以实现工作状态下模拟量的线性化输入和输出自校准。

3.3 电动机相序自适应功能模块设计

智能型阀门电动装置具有电源缺相、相序自适应鉴别和换相功能，无论接入的三相交流电的相序如何，电动机都会朝着正确的方向旋转，从而避免因接线错误造成电动机和阀门的损坏。

3.3.1 相序与缺相检测电路设计

1. 设计思想

三相电动机的旋转方向分顺时针和逆时针，如果电动机三相电源相序接错，电动机运转方向将相反，电动机控制换相也将相反。电动机三相电源缺相运转会产生大电流，使电动机启动困难，时间稍长将烧毁电路。因此，一旦缺相，要封锁控制电路对电动机的控制，并发出报警信号。本设计采用光电耦合器实现电动机三相电源相序及缺相的隔离检测。

2. 设计分析

电动机三相电源相序及缺相隔离检测电路如图 3-7 所示。

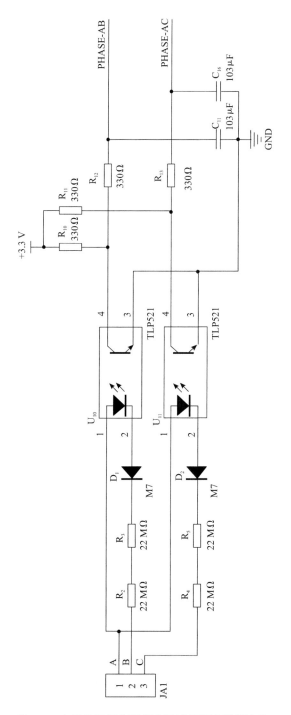

图 3-7 电动机三相电源相序及缺相隔离检测电路

电动机电源有 A、B、C 三相,以 A 相为主检相,连接光电耦合器发光二极管正端,B、C 相分别经限流电阻和半波整流二极管连接光电耦合器发光二极管负端,隔离输出晶体管经上拉电阻连接 5 V 电源,光电耦合器 U_4 用于实现 A、B 两相隔离检测,光电耦合器 U_5 用于实现 A、C 两相隔离检测。输出逻辑电平连接至微控制器输入端口引脚 26 的 PB 0 口和引脚 27 的 PB 1 口,配置微控制器 PB 0 和 PB 1 为检测输入端口,电动机三相电源 A、B、C 检测的正确相序如图 3-8 所示。

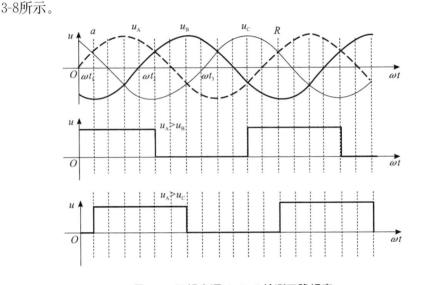

图 3-8 三相电源 A、B、C 检测正确相序

(1)电动机三相电源缺相隔离检测。配置微控制器基本定时器 1 定时 1 s 中断,若 PB 0 和 PB 1 均检测不到低电平,则可判定电动机三相电源 A 相缺相;若 PB 0 检测不到低电平,则可判定电动机三相电源 B 相缺相;若 PB 1 检测不到低电平,则可判定电动机三相电源 C 相缺相。

(2)电动机三相电源相序隔离检测。如图 3-8 所示,当 $u_A > u_B$ 时,光电耦合器 U_4 发光二极管导通,隔离晶体管导通,网络标号 PHASE-AB 输出低电平,输入端口 PB 0 检测到低电平;当 $u_A > u_C$ 时,光电耦合器 U_5 发光二极管导通,隔离晶体管导通,网络标号 PHASE-AC 输出低电平,输入端口 PB 1 检测到低电平。若检测输入端口 PB 0 先于 PB 1 产生低电平,则相序正确,电动机正反转控制正常;若检测输入端口 PB 1 先于 PB 0 产生低电平,则相序不正确,电动机正反转控制相反。

3.3.2 电动机自适应换相与控制电路设计

1. 设计要点

本书采用的电动机为三相全封闭鼠笼式异步电动机,采用 24 V 直流继电器实现电动机的正转、反转及停止控制。

2. 设计分析

电动机自适应换相与控制电路如图 3-9 所示。

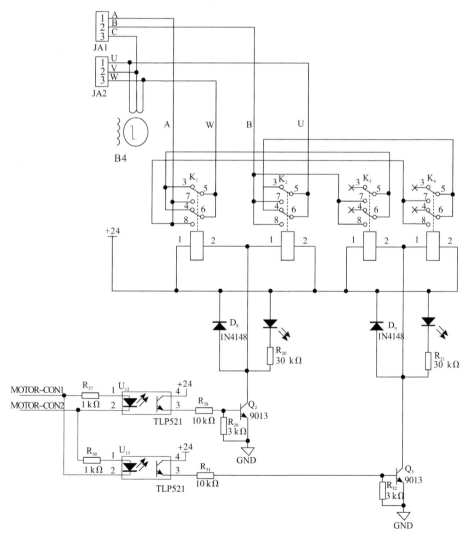

图 3-9 电动机换相与控制电路

MOTOR-CON1和MOTOR-CON2分别连接至微控制器输出端口引脚44的PA11口和引脚45的PA12口。

(1)当MOTOR-CON1=1和MOTOR-CON2=0时,光电耦合器U_{13}发光二极管截止,光电耦合器U_{12}发光二极管和耦合端晶体管导通,继电器K_1和K_2铁心线圈通电,常开触点闭合,电动机电源W相与三相供电电源B相互连接,电动机电源U相与三相供电电源A相互连接,电动机正转。

(2)当MOTOR-CON1=0和MOTOR-CON2=1时,光电耦合器U_{12}发光二极管截止,光电耦合器U_{13}发光二极管和耦合端晶体管导通,继电器K_3和K_4铁心线圈通电,常开触点闭合,电动机电源W相与三相供电电源A相互连接,电动机电源U相与三相供电电源B相互连接,电动机反转。

(3)当MOTOR-CON1=0且MOTOR-CON2=0或MOTOR-CON1=1且MOTOR-CON2=1时,光电耦合器U_{12}和U_{13}发光二极管均截止,继电器K_1、K_2、K_3、K_4铁心线圈断电,常开触点断开,电动机电源W相和U相与三相供电电源A相和B相断开,电动机停止转动。

3.4 被控变量在线检测模块设计

3.4.1 阀位在线检测电路设计

1. 设计思想

(1)设计方案选取。部分回转阀门电动装置阀位检测通常有两种方案。方案一是将单圈电位器安装在减速机构的反馈轴上,由于角度变化会造成电位器阻值的变化,通过高精度A/D转换器结合基准源采样,检测阻值变化带来的电压值变化即可实现阀位检测。这种方案的优点是可以实现实时高精度采样阀位的变化,可以通过阻值的增大和减小判定阀门是打开还是关闭状态,缺点是电位器初始安装位置难以做到一致,阀门全开和全关电位器阻值不确定,接触电阻易磨损,寿命短暂。方案二是采用轴角编码器实现阀位检测,包括增量式编码器和绝对式编码器两类。这种方案的优点是非接触,装置的寿命长、性能稳定,可以精确检测阀位和识别旋转方向。本设计选用方案二。

(2)位置传感器的选取。本设计选用增量式编码器作为位置传感器,通过将增量式编码器安装在减速机反馈轴上,反映减速后电动机的转动位置。

增量式旋转编码器通过两个光敏接收管来转化角度码盘的时序和相位关系,得到角度码盘角度位移的变化量和角度码盘运动的方向。实际应用中多采用与输出轴同步的大伞齿轮驱动中间部套上的小伞齿轮以及编码器齿轮,编码器拾取的信号为阀位信号。即使断电之后又来电,该信号也依然存在,不存在有丢失问题,不仅简化电路,而且提升可靠性。

2. 设计要点

增量式光电编码器直接利用光电转换原理输出矩形波脉冲信号,它的优点是结构简单、机械平均寿命长、可靠性高、抗干扰能力强、传输距离远,缺点是只能输出轴转动的相对位置信息。

增量式光电编码器的两路输出波形如图 3-10 所示。增量式光电编码器主轴每旋转一圈会输出固定数量的脉冲,脉冲数由光电编码器光栅数量决定。单位时间内或周期性的脉冲计数测量可以用来计算增量式光电编码器主轴旋转的速度。假定在一个参考点之后的脉冲数依次被累加,脉冲数就可以反映光电编码器相应转动的角度。例如,双通道增量式光电编码器输出 A、B 两路脉冲,脉冲 A 和脉冲 B 之间相位差为 90°,可以利用这两路信号来计算增量式光电编码器转动的脉冲数并判断其旋转方向。相对于双通道增量式光电编码器,三通道增量式旋转编码器每旋转一圈要多输出一个零位信号的脉冲 Z,该信号主要用来校准和计算光电编码器的旋转圈数。可利用鉴向盘来判断增量式光电编码器的旋转方向,由于鉴向盘的 A、B 两路脉冲相位相差为 90°,因此可以根据 A、B 两路输出波形上升沿到来的先后来判断增量式光电编码器的转动方向。如图 3-10 所示,若脉冲 A 比脉冲 B 相位超前 90°,则为正转,反之为反转。

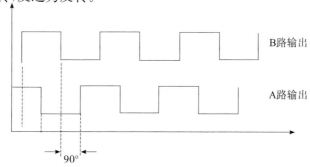

图 3-10 增量式光电编码器的两路输出波形

四倍频鉴相细分法是在实际中运用较多的一种电子学细分方法。所谓四倍频鉴相细分法,就是对相位差90°的两路矩形波信号的上升沿和下降沿分别进行采样,实现四倍频,根据两路矩形信号相位上升沿到来的先后判断编码器的转动的方向,实现鉴相。四倍频鉴相细分法的特点是电路简单,细分倍数低,对信号质量要求不高,响应速度快。如图3-11所示,A、B两路矩形波信号可以认为是光电编码器原始正弦波信号通过电压比较器整形得到的,A路矩形波信号比B路矩形波信号相位超前90°。分别对A、B两路信号的上升沿和下降沿进行采样,在第一个周期T内,矩形波A可以得到1、3两个脉冲,矩形波B可以得到2、4两个脉冲。将1、2、3、4四个脉冲累加,在周期T内可以得到四个脉冲,以此类推得到矩形波C。从图中可以看出,矩形波C的频率是矩形波A和矩形波B的四倍;A相位超前B相位为正转,反之为反转。

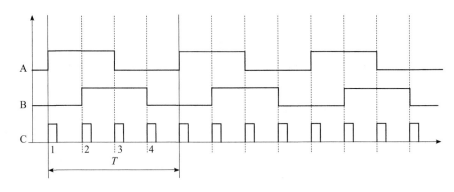

图3-11 四倍频鉴相细分波形

本设计采用的增量式单圈编码器型号为BM12-C。该编码器有5条连接导线,其中,1条为电源线,1条为COM端,另3条为集电极开路三相输出线,分别对应A相、B相和Z相三相。Z相也称为零相,每旋转一圈输出1个脉冲,该脉冲可用于定位阀位初始位置。A相、B相相位差90°,每旋转1圈分别输出2048个脉冲,分辨率为0.17578°,通过四倍频鉴相检测,分辨率可提高到0.043945°。

3. 设计分析

增量式编码器阀位在线检测电路如图3-12所示。因三相输出线为集电极开路,需连接10 kΩ上拉电阻。A相、B相和Z相输出线分别连接至微控制器 PB13/TIM8-CH1N、PB14/TIM8-CH2N 和 PB15/TIM8-CH3N。

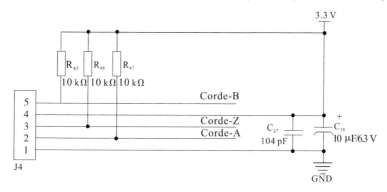

图 3-12 增量式编码器阀位在线检测电路

3.4.2 转矩在线检测电路设计

1. 设计思想

（1）智能型阀门电动装置的技术进步。新型智能型阀门电动装置的出现源于微电子技术和传感器技术在仪表相关行业的广泛应用。传统的机械控制过力矩保护的方法已经远远不能满足控制精度的要求。随着传感器技术在仪表行业的普及应用，有些阀门电动装置生产企业尝试将传感器置于电动执行器内部进行信息采集，以此来提高控制精度。此后不久，这种方法就被成功应用到阀门电动装置转矩的测量上。其工作原理是向弹性轴上构成应变桥的应变片供电，同时测量此时刻弹性轴上的电信号。这种检测力矩的方法利用了应变片电测技术，比上述利用机械控制过力矩保护方法精确许多，最高控制精度和一般控制精度分别提高了 3% 和 10%。此种利用传感器测量进行保护的方式有别于普通的传感器应用，其创新地将传感器检测技术和过力矩保护结合，起保护作用的同时还起到了协同控制的作用。

微电子、传感器以及通信技术的发展将仪器仪表行业带入新的发展阶段。为适应行业新发展、新需求，电动执行器需要实现更加精确的控制，尤其在过力矩保护方面。工业控制系统的复杂化使得工况环境也越来越复杂、多样，在复杂的工况环境下还能很好地完成执行器的过力矩保护变得愈发困难。在存在强电干扰或负载过大等情况下，如何保证过力矩保护呢？以往那种直接检测阀门电动装置转矩的方法已经不再适用，因此可考虑通过检测电动机相关参数进行间接测量的方法。电动机是阀门电动装置的"发动机",是动力的来源。阀门电动装置的转矩是由电动机通过减速机构转换获得的,减速机构的转速比和效率是由机械结构决定的恒定值,因此,阀门电动装置的输出转矩与电动机的输入转矩之间存在正比例关系。

(2)电动执行器的控制精度与保护机制。从电动机的工作原理可知,电动机转矩与其输入的电参数之间有着密不可分的联系,阀门电动装置最后输出的转矩大小本质上就是由其电动机的输入电参数决定的。因此,利用电压、电流传感器,借助微控制器系统,可对电动机输入电参数进行检测,从而间接检测阀门电动装置的输出转矩。这种通过间接检测阀门电动装置转矩进行过转矩保护的方法使得阀门电动装置控制精度误差低于8%。微处理器优秀的信息处理能力以及检测器件的抗干扰能力也使得阀门电动装置具有更好的性能和抗干扰能力。

实际设计中常采用高精度变换器(互感器)作为转矩控制传感器,利用电动机动力电源线作为初级线圈,拾取感应电流,电流的变化可反映输出轴转矩的变化。将电动机电流变化转变成电压变化送往模拟电路,互感器拾取电动机电流和电压信号并送给高精度转换电路用于检测电动机的功率。功率经过转换电路后变成数字信号被送入转矩控制板,控制板上的微控制器根据信号做出适当的调整,控制阀门电动装置的运行。此信号在传递过程中基本上是连续的,且不受外界因素影响,能够真实反映阀门电动装置输出转矩,且精度较高,完全满足使用要求。

(3)阀门电动装置的过力矩保护与性能优化。阀门电动装置运行过程中,若因阀门卡滞而出现过力矩,电动装置将反向运行一定距离,然后继续朝原方向运行。若仍然出现过力矩,则会重复上述过程。若反复数次后仍出现过力矩,电动装置会停止运行,发出报警信号,同时也会触发指示触点动作。阀门卡滞保护能有效地打开或关闭滞涩的阀门。阀门电动装置的电动机线圈内预埋有热敏开关,一旦线圈温度超过预设值(132 ℃),热敏开关将断开相应触点,禁止电动机运行,并发出报警信号。

阀门电动装置为短时间工作制,转矩在线检测功能主要用来检测阀门打开、关闭过程中电动机变速旋转的过渡转矩和电动机匀速旋转的恒定转矩。其主要通过电压、电流传感器借助微控制器系统对电动机输入电参数进行检测,从而间接检测阀门电动装置的输出转矩,实现过力矩精确保护。

(4)电动机特性与保护曲线。电动机的运行曲线和保护曲线如图 3-13 所示。

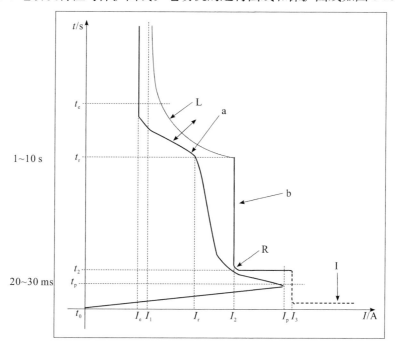

图 3-13　电动机的运行曲线和保护曲线

图 3-13 中横坐标是电流,纵坐标是电动机运行时间。图中曲线 a 是电动机运行曲线,曲线 b 是电动机保护曲线,即保护电动机断路器的脱扣曲线。

电动机运行包括起动静止、起动和堵转、正常运行三个阶段。

①起动静止阶段(t_0—t_p):设 t_0 时电动机回路开关闭合,电动机被瞬间加上电压,由于电动机带有负载,在负载的阻转矩和电动机转子旋转惯性的作用下,电动机并不会立即旋转,其转子还停留在静止状态。此时,出现在电动机定子绕组中的电流叫作起动冲击电流 I_p。起动冲击电流 I_p 的大小约等于电动机额定电流的 10~14 倍,一般按 12 倍来计算。

②起动和堵转阶段(t_p—t_r):电动机转子开始旋转,电动机电流开始回落。在电动机运行曲线中段对应的横轴上可以看到起动电流 I_r 的标志。电动机的堵转电流也出现在这里。起动和堵转电流约等于额定电流的 4~8.4 倍,一般按 6 倍来计算。

③正常运行阶段(t_r—t_e):正常运行阶段,电动机转子转速已经到达额定

值,电动机电流也回落到额定值。在电动机曲线的最左侧,即曲线 a 的最高处,可以看到额定运行电流 I_e 的标志。电动机额定运行电流 I_e 在数值上约等于电动机额定功率的 2 倍。例如,某电动机的功率是 1 kW,则它的额定电流约等于 2 A。

电动机保护包括过载保护、堵转保护和短路保护三类。这三种类型的保护是根据电动机运行的三个阶段而设置的。

①过载保护:电流范围介于额定值的 0.7 倍到 1.2 倍之间,保护动作的时间长度与电流大小成反比。电动机电流越大,保护动作时间越短。这种电流-时间关系被称为反时限 L 动作关系。值得注意的是,电流和时间不一定呈反比例关系,因为时间也可能与电流的平方成反比。从曲线 b 可以看出,L 保护曲线是反时限的。

②堵转保护:当电动机起动时,起动电流较大,而且这种状态会持续一段时间。因此,堵转保护的设置须确保动作值和时间长度足以区分电动机的起动电流和堵转时的异常电流。在实际设定保护时,我们只需要让保护动作的电流值大于电动机的起动电流,即让保护动作的时间比电动机起动时间长。从图上可以看出,由于此处的整定值是固定的,因此电流-时间特性曲线呈水平线或垂直线,我们将其称为定时限 R 动作关系。从曲线 b 可以看出,R 保护曲线是定时限的。

③短路保护:电动机的起动冲击电流很大,可达 10～14 倍额定电流。因此,短路保护的整定值必须大于电动机的起动冲击电流。短路保护电流参数的曲线 I 是定时限的,而且时间不可调,它的动作时间其实就是保护装置测量和执行短路保护的最短时间,曲线 b 的电流保护就是短路保护。

2. 设计要点

电动机堵转的原因有很多,如转子与定子接触被卡死、驱动设备卡死、设备负荷太大导致电动机无法驱动等等。电动机堵转后,定子绕组将流过 5～10 倍额定电流,这使得定子快速发热,烧毁绕组。因此,电动机应当装设过载保护装置。若电动机合闸启动后较长时间不能转动、电流不能降下来,将启动过载保护,跳开电动机的电源开关。过载保护可以是热继电器,可以是空气开关自带的过载保护,也可以是外装的过流保护。过载保护动作后,应立即对电动机进行检查,确定问题后进行检修。

第3章 部分回转智能型阀门电动装置硬件设计

解决堵转问题,首先要确定正常工作时的电流大小,这个值应为实际值,而不是理论值。智能电装的电动机选型样本给出了电动机公称转矩、输出转速、电动机功率和电动机堵转电流等参数,如表 3-2 所示。电动机起动电流约为额定电流的 2 倍,最大转矩约为公称转矩的 1.1 倍。表中的电动机功率为参考数据,实际应按需配置。表中公称转矩适用于开关型阀门电动装置;用于调节型时,公称转矩应增大一挡。调节型阀门电动装置的控制精度与输出转速的有关。

表 3-2 电动机选型参数

公称转矩/(N·m)	输出转速/(r/min)	电动机功率/kW	电动机堵转电流/A	公称转矩/(N·m)	输出转速/(r/min)	电动机功率/kW	电动机堵转电流/A
50	1	0.03	1.82	900	0.5	0.18	5.81
	2	0.03	1.82		1	0.25	7.21
	4	0.03	1.82		2	0.37	9.66
100	1	0.03	1.82	1200	0.5	0.18	5.81
	2	0.06	2.54		1	0.18	5.81
	4	0.12	3.99		2	0.37	9.66
200	1	0.06	2.54	2500	4	0.75	18.35
	2	0.12	3.99		0.5	0.25	7.21
	4	0.18	5.81		1	0.37	9.66
300	0.5	0.06	2.54		2	0.75	18.35
	1	0.09	3.36	500	0.5	0.55	15.40
	2	0.18	5.81		1	0.75	18.34
	4	0.25	7.21	10000	0.22	0.37	9.66
600	0.5	0.12	3.99		0.44	0.75	18.35
	1	0.18	5.81	15000	0.17	0.55	15.40
	2	0.25	7.21				—
	4	0.37	9.66				

本设计选用初级绕组内置式高精度电流互感器 TA5571,其额定一次电流可选 5 A、10 A、20 A、40 A、80 A;变比可选 1000∶1、2000∶1、3000∶1、4000∶1;额定二次电流可选 1 mA、2 mA、2.5 mA、5 mA、10 mA、20 mA、50 mA;精度等级为 0.02 级。

智能电装的电动机的起动冲击电流 I_p 按表 3-2 中电动机堵转电流的 2 倍计算。对于 I_p 小于 10 A 的电动机,电流传感器的额定一次电流选用 10 A,额定二次电流选用 10 mA,变比根据所选的额定一次电流选择。

3. 设计分析

为提高零磁通电流互感器的负载能力,电流互感器转换电路如图3-14所示,互感器二次工作在零负载状态。因所需的输出电压值为3.3 V,可确定反馈电阻 R 为 $R_{51} = 3.3 \text{ V}/10 \text{ mA} = 330 \text{ }\Omega$。$U_{12}$选用轨对轨满幅LMV321IDCKT,以保证输出0~3.3 V DC;D_{19}、D_{20}二极管选用1N4148;U_{12}输出端网络标号 torque-pt 连接至微处理器PA1/ADC12_IN1。

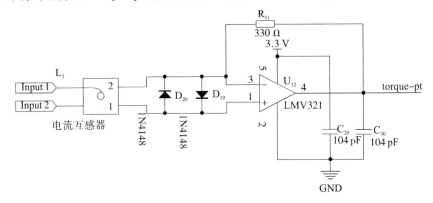

图3-14 电流互感器转换电路

3.5 现场操控人机接口模块设计

3.5.1 现场旋钮操控输入电路设计

1. 设计思想

根据隔爆型智能型阀门电动装置要求,需在不打开罩盖的情况下以非侵入的方式进行人机接口现场/远方工作方式的切换及现场操控阀门的开闭,通常有两种方案:方案一是在智能型阀门电动装置的电气罩上配置"打开""关闭""现场/远方"三个按键,电气罩内侧配有接触面直径为15 mm 的金属按键片,通过金属弹簧焊接在线路板上,并采用多通道电容式触摸感应按键专用芯片,以点对点晶体管晶体管逻辑(transistor-transistor logic,TTL)电平信号输出方式实现人机接口现场/远方操控检测。方案二是在智能阀门电动装置罩盖上配两个旋钮,一个为方式钮(现场/停止/远方),一个为操作钮(开/关),实现电装的远方、现场、停止等可切换控制。本设计采用方案二。

2. 设计要点

因采用霍尔磁感应(非接触)技术,两个可转动的旋钮均镶嵌了永久磁钢,用所对应的霍尔元件固定,旋转对应的相位差为 90°,所以,各工作方式间互不干涉,调节工作方式的旋钮还具有锁扣保护功能,可防止误操作。

智能型阀门电动装置的电气罩上面板设置了两个非接触式磁性旋钮(图 3-15);一个为二位自复式旋钮开关,用于在现场对电动装置进行操控;另一个为可锁闭的三位非自复式旋钮开关,用于切换电动装置的工作方式。智能型阀门电动装置罩盖布置如图 3-16 所示。操作钮的两个位置分别为"打开"和"关闭",可通过顺时针、逆时针旋转开关给出"打开"或"关闭"信号;方式钮的三个位置分别是"现场""远方"和"停止"。

图 3-15　磁性旋钮

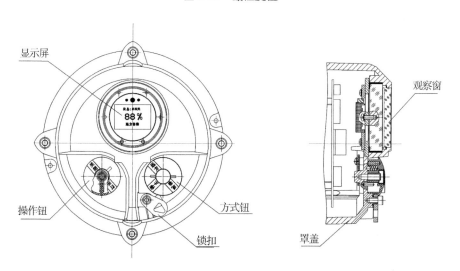

图 3-16　智能型阀门电动装置罩盖布置

方式钮处于"现场"位置时,可使用自复式旋转开关或红外线遥控器对阀门电动装置进行操控,两者效果相同;方式钮处于"远方"位置时,开关型阀门电动装置受远方开关操控,调节型阀门电动装置受 4～20 mA 模拟信号控制;方式钮处于"停止"位置时,可使用红外线遥控器进行设置、整定、校准及查询。

点动操作(菜单中设置为点动)时,将操作钮旋转到"关闭"位置,并保持不动,此时阀门向关闭方向运动,一旦放开旋钮,旋钮会自动回到原始位置,阀门停止动作;将操作钮旋转到"打开"位置,并保持不动,此时阀门向打开方向运动,一旦放开旋钮,旋钮会自动回到原始位置,阀门停止动作。

保持操作(菜单中设置为点动)时,将操作钮旋转到"关闭"位置,此时阀门向关闭方向运动,放开旋钮,旋钮会自动回到原始位置,但阀门向关闭方向的动作仍会继续,直到满足停止运动的条件;将操作钮旋转到"打开"位置,此时阀门向打开方向运动,放开旋钮,旋钮会自动回到原始位置,但阀门向打开方向的动作仍会继续,直到满足停止运动的条件。

现场停止时,当方式钮置于"停止"位置时,执行器将禁止所有的电动操作。

阀门电动装置电气罩上的两个旋钮中内嵌圆柱形磁铁,线路板的固定位置焊接霍尔传感器,旋转旋钮使磁铁与霍尔传感器非接触相对时,微控制器输入端会检测到霍尔传感器输出端的电平变化,可在不打开罩盖的情况下实现阀门电装工作方式和现场操作控制。

选用型号为 FD2H002BYR-LF 的低功耗集成霍尔开关传感器,用于感测外部磁通密度,其外形封装和内部结构如图 3-17 所示。它采用 SOT23 封装形式,管脚连接三个引脚,分别为 V_{DD}(供电端口)、V_{SS}(接地端口)和 Q(输出端口),其结构内部包含偏置发生器、霍尔元件、振荡器、测序器、供电、复位、斩波放大器、滞环控制、OC 门输出电路。偏置发生器为霍尔元件和斩波放大器提供精确的、对温度和工艺不敏感的电流源。这种设计确保了芯片在各种环境下都能正确操作,同时能在规定的切换阈值范围内精确工作。内置的振荡器提供时钟信号,由测序器获取该信号以确定操作阶段和备用阶段。典型操作时间约为 60 μs,待机时间为 150 ms。使用这种计时方案时,平均功耗几乎等于待机阶段的功耗。供电和复位用于检测电源上升斜坡,并在电源接通后重置数字电路以实现正确操作。为了获得更高的分辨率,该器件还采用了斩波放大器结构,动态地去除了偏移和闪烁噪声。滞环控制确定了不同情况下霍尔开关的开关阈值。

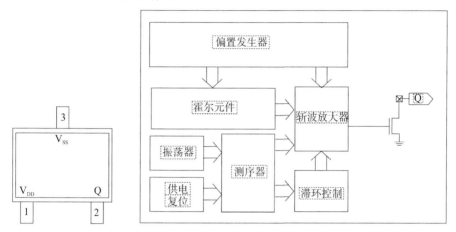

图 3-17 霍尔开关外形封装和内部结构

3. 设计分析

旋钮位置检测电路如图 3-18 所示。本设计选用两对四个霍尔开关 FD2H002BYR-LF。其中:U_3 和 U_4 为一对,用于方式钮检测;U_1 和 U_2 为一对,用于操作钮检测。当旋钮磁铁与霍尔开关相对时,相应的霍尔开关输出端 Q 输出低电平,微控制器通过检测两对四个霍尔开关的电平变化判定智能电装的工作方式和操作状态。旋钮对应的工作方式和操作状态如表 3-3 所列。

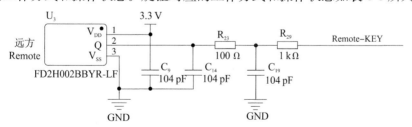

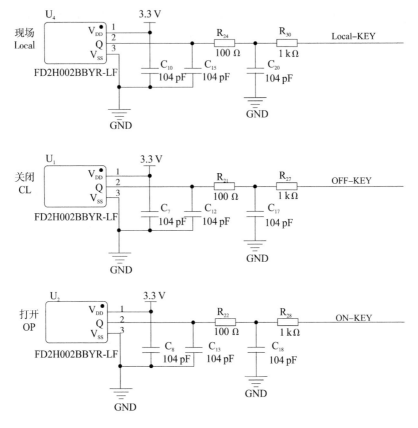

图 3-18 旋钮位置检测电路

表 3-3 工作方式和操作状态

旋钮名称	旋钮位置	霍尔开关输出电平	工作方式/操作状态
方式选择	远方	$U_3=0,U_4=1$	工作方式为远方操作
	现场	$U_3=1,U_4=0$	工作方式为现场操作
	停止	$U_3=1,U_4=1$	工作方式为停止
现场操作	关闭	$U_1=0,U_2=1$	关闭
	打开	$U_1=1,U_2=0$	打开
	静止	$U_1=1,U_2=1$	静止

霍尔开关输出经过阻容滤波去除操作抖动后,连接微控制器 PB 口。其中,网络标号 Remote-KEY 连接微控制器 PB2 输入口,网络标号 Local-KEY 连接微控制器 PB3 输入口,网络标号 OFF-KEY 连接微控制器 PB4 输入口,

网络标号 ON-KEY 连接微控制器 PB6 输入口。微控制器软件可采用按键扫描方式实现旋钮位置检测,确定电装工作方式和操作状态。

3.5.2 红外线遥控接收电路设计

1. 设计思想

实现参数非侵入式设置需要配备一个外部遥控器,以菜单方式发送参数设置命令,阀门电动装置作为接收端接收参数设置,其组态参数设置主要包括阀门电动装置的基本参数、反馈参数、高级参数和故障诊断参数等工作参数。

实现非侵入式参数设置的方法主要有红外线遥控和无线遥控两大类。红外线遥控利用近红外线传送遥控指令,其波长为 $0.76\sim1.5~\mu m$。采用近红外线作为遥控光源是因为目前红外线发射器件(红外发光管)与红外线接收器件(光敏二极管、三极管及光电池)的发光与受光峰值波长一般为 $0.8\sim0.94~\mu m$,正好处于近红外线波段内。在近红外线波段内,发射器件和接收器件的光谱能够很好地匹配,可以获得较高的传输效率及较高的可靠性。

红外线遥控的发射电路采用红外发光二极管发出经过调制的红外线波;红外线接收电路由红外线接收二极管、三极管或硅光电池组成,它们将红外线发射器发射的红外线转换为相应的电信号,再送至后置放大器处理。

发射器一般由指令键、指令编码电路、调制电路、驱动电路、发射电路等几部分组成。按下指令键后,指令编码电路产生所需的指令编码信号,指令编码信号对载波进行调制,再由驱动电路进行功率放大,由发射电路向外发射经调制的指令编码信号。

接收器一般由接收电路、放大电路、调制电路、指令译码电路、驱动电路、执行电路等几部分组成。接收电路接收发射器发出的已调制的指令编码信号,放大后送至解调电路;解调电路将已调制的指令编码信号解调出来,还原为编码信号;指令译码电路对编码指令信号进行译码;最后由驱动电路来驱动执行电路,实现各种指令的操作控制。

由于红外线遥控不具有像无线遥控那样穿过障碍物去控制被控对象的能力,所以,在设计红外线遥控器时,不必像无线遥控器那样,对每套设备(发射器和接收器)使用不同的遥控频率或编码。因此,同类产品的红外线遥控器可以有相同的遥控频率或编码,而不会出现遥控信号"串门"的情况。由于红外线光波动波长远小于无线电波的波长,所以红外线遥控不会影响其他家用设备,也不会影响邻近的无线电设备。

2. 设计要点

电动装置的红外线遥控器既能控制电动装置,也能进行各种对话,其在调试方式上采用先进的红外线通信技术,无须打开电气端盖,仅通过红外线通信口(0.75 m 内)就可以进行人机"对话"。在任何工况下,红外线遥控器都可以对电动装置进行非侵入式设定,完成对电动装置各种设置及显示功能的调整。

为便于实现实际应用中对智能型阀门电动装置工作参数的设置,本设计采用红外线遥控方案。工作人员使用一台手持式红外线设定器就可以按照工艺要求对现场多台阀门电动装置进行参数设置。

(1)手持式红外线遥控设定器按键定义。手持式红外线遥控设定器外形如图 3-19 所示。其中:"Up"键为上移键;"Down"键为下移键;"Stop"键为停止键/返回键;"Enter"键为确认键;"Open"键为加键/打开键;"Close"键为减键/关闭键。

(2)红外线遥控设定器的内容设定。红外线遥控设定器可以设定以下内容:关闭时输出轴的转动方向、打开和关闭限位的保护选择、打开和关闭操作的转矩保护设定值、就地控制方式、四个状态指示继电器的触发选择、紧急动作功能选择、远控禁动功能选择以及模拟控制信号的设定。

(3)红外线接收器。红外线接收器是按红外线数据协会(IrDA)协议设计的单向接收电路,接收频率为 38 kHz(周期约为 26 μs)的红外线信号,可同时对信号进行放大、检波、整形,得到 TTL 电平的编码信号。MCU 解码就是识别二进制码"0"和"1"以及遥控信号的起始位。当用遥

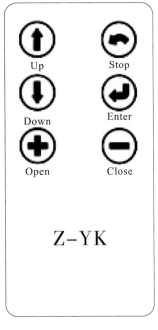

图 3-19 手持式红外遥控设定器外形

控按下任意按键时,接收器立即接收到1个持续1.38 ms的低电平信号,然后是1个持续0.32 ms的高电平起始信号,接着重复前面的高、低电平信号各一次,结束起始信号,然后开始传输9位的数据信号。接收器将0.32~0.53 ms的低电平解码为逻辑"0",在1.38~1.17 ms的解码为逻辑"1"。遥控器按键波形及按键码值如图3-20所示。

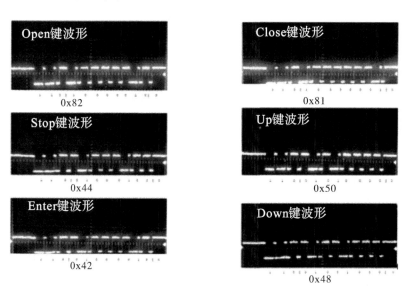

图3-20 遥控器按键波形及按键码值

3. 设计分析

本书中红外线遥控接收电路如图3-21所示,采用鼻梁型红外线接收头CH0038A。该器件内含高速高灵敏度PIN型光电二极管和低功耗、高增益的前置放大集成电路(integrated circuit,IC),采用环氧树脂塑封封装且内置屏蔽抗干扰设计,在红外线遥控系统中可作为接收器使用。输出端OUT网络标号"OEMONLY"连接至微控制器PA9,配置为外部中断,通过中断服务程序可解码遥控按键,实现参数设置及阀门操控。

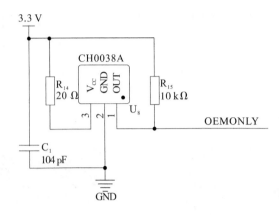

图 3-21 红外线遥控接收电路

3.5.3 LCD 显示屏驱动电路设计

1. 设计思想

智能型阀门电动装置参数设定及现场操控要求显示器显示数字、字母、汉字及图形。显示器通常有发光二极管(light emitting diode,LED)和液晶显示器(LCD)两种。其中,LED 的主要优点是方便远距离查看阀门电装的工作状态,缺点是难以实现汉字和图形的显示。考虑到智能型阀门电动装置观察窗的尺寸要求和实际应用需要,本设计采用 LCD 显示器方案。JLX12864G-086-PC 型液晶显示模块既可以当成普通的图像型液晶显示模块使用(可显示单色图片),又可以从 JLX-GB2312 字库 IC 中读出内置字库的点阵数据并将其写入 LCD 驱动 IC,以达到显示汉字的目的。其外形尺寸如图 3-22 所示。

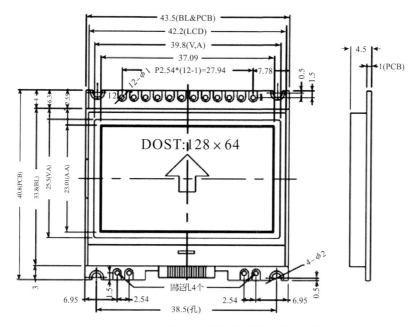

图 3-22　JLX12864G-086-PC 型液晶显示模块外形尺寸

2. 设计要点

JLX12864G-086-PC 型液晶显示模块内置符合《信息交换用汉字编码字符集 基本集》(GB/T 2312－1980)的 15×16 点阵字库、8×16 点阵扩展字符,以及六种美国信息交换标准码(American Standard Code for Information Interchange,ASCII)字符。阀门电装防护罩开设防爆透明玻璃液晶显示窗,运行状态下显示布局分为Ⅰ区、Ⅱ区、Ⅲ区,如图 3-23 所示。Ⅰ区为阀位显示区,以百分比的形式实时显示当前阀位开度;Ⅱ区为控制方式显示区;Ⅲ区为运行状态和报警信息显示区。当进入工作参数设定菜单时,液晶显示器将统一使用Ⅰ区、Ⅱ区、Ⅲ区。

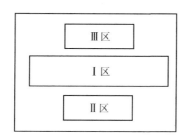

图 3-23　液晶显示屏工作状态下显示的布局

电动装置上电初始化后,整个液晶显示画面以大字体显示阀门开度的百分数,在阀位极限处,阀门开度以模拟蝶阀方式显示。LCD显示器工作状态下显示画面如图3-24所示。

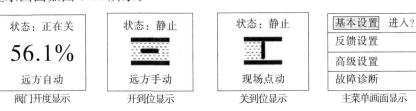

图 3-24 液晶显示屏工作状态下显示画面

3. 设计分析

JLX12864G-086-PC型液晶显示模块包括LCD驱动IC接口和字库IC接口,其接口引脚功能如表3-4所列。串行接口方式LCD驱动电路如图3-25所示。微控制器MM32F5287K7PV的PC口作为LCD驱动端口和字库IC接口。其中:PC9与LCD-SCLK相连,PC10与LCD-SDA相连,PC11与LCD-CS相连,PC12与LCD-RST相连,PC13与LCD-RS相连,实现LCD串行式驱动;PC0与ROM-IN相连,PC1与ROM-OUT相连,PC2与ROM-SCK相连,PC3与ROM-CS相连,实现LCD字库中IC读取汉字或字符数据。

表 3-4 模块接口引脚功能

引线号	符号	名称	功能
1	ROM-IN	字库IC接口	SI串行数据输入
2	ROM-OUT	字库IC接口	SO串行数据输出
3	ROM-SCK	字库IC接口	SCLK串行时钟输入
4	ROM-CS	字库IC接口	CS#片选输入
5	LEDA	背光电源	背光电源正极,同V_{DD}电压(5 V 或 3.3 V)
6	V_{SS}	接地	0 V
7	V_{DD}	电路电源	可选5 V 或 3.3 V
8	SCLK	I/O	串行时钟
9	SDA	I/O	串行数据
10	RS	寄存器选择信号	H为数据寄存器,0为指令寄存器

续表

引线号	符号	名称	功能
11	RESET	复位	低电平复位,复位完成后,回到高电平,液晶模块开始工作
12	CS	片选	低电平片选

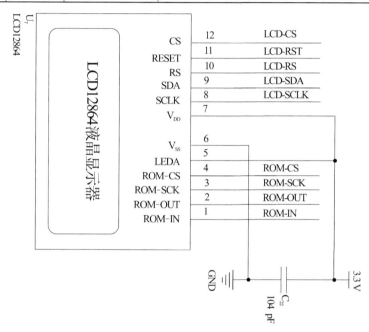

图 3-25 串行接口方式 LCD 驱动电路

3.6 远方控制输入信号检测模块设计

3.6.1 远方开关控制隔离输入检测电路设计

1. 设计思想

智能型阀门电动装置(执行器)可通过旋钮设定远方工作状态,通过红外线遥控器设定开关/调节控制,在"远方开关(手动)控制"工作状态下,智能型阀门电动装置(执行器)接收来自控制室按钮或继电器触点的开关量信号,实现对阀门的打开、关闭、保持、静电放电(electrostatic discharge,ESD)控制。

来自控制室按钮或继电器触点的开关量信号的供电方式包括阀门电装内部24 V直流供电、控制室24 V直流供电和控制室交流供电3种。开关量控制方式包括远方无源点动式打开/关闭控制、远方无源保持式打开/关闭控制、远方无源保持式打开/关闭/停止控制和两线控制。为增强系统抗干扰能力，控制室与电装之间还要采用光电耦合器隔离。

2. 设计要点

若使用阀门电装内部提供的24 V DC低压实现控制，远方无源点动式打开/关闭控制外部接线如图3-26所示，此时阀门可以停在中途任意位置；远方无源保持式打开/关闭控制外部接线如图3-27所示，此时行程可逆，但不可以停在中途位置；远方无源保持式打开/关闭/停止控制外部接线如图3-28所示。若使用两线控制，则"有信号开，无信号关"外部接线如图3-29所示，"有信号关，无信号开"外部接线如图3-30所示。

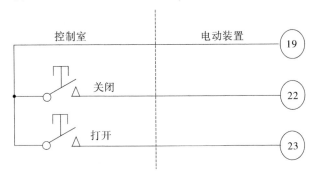

图3-26　远方无源点动式打开/关闭控制外部接线

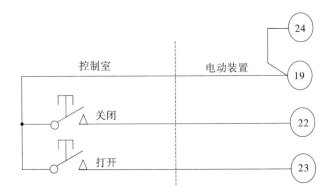

图3-27　远方无源保持式打开/关闭控制外部接线

图 3-28　远方无源保持式打开/关闭/停止控制外部接线

图 3-29　远方无源"有信号开,无信号关"两线控制外部接线

图 3-30　远方无源"有信号关,无信号开"两线控制外部接线

若使用控制室 24 V DC 电压实现控制,远方直流点动式打开/关闭控制外部接线如图 3-31 所示,此时阀门可以停在中途任意位置;远方直流保持式打开/关闭控制外部接线如图 3-32 所示,此时行程可逆,但不可以停在中途位置;远方直流保持式打开/关闭/停止控制外部接线如图 3-33 所示。若使用两线控制,则"有信号开,无信号关"外部接线如图 3-34 所示,"有信号关,无信号开"外部接线如图 3-35 所示。

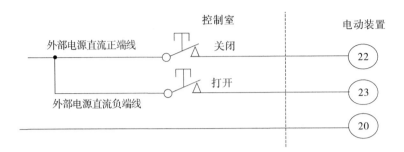

图 3-31 远方直流点动式打开/关闭控制外部接线

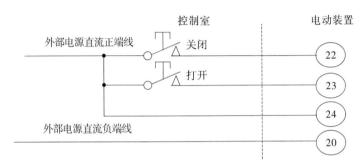

图 3-32 远方直流保持式打开/关闭控制外部接线

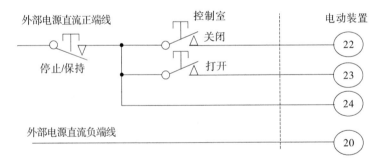

图 3-33 远方直流保持式打开/关闭/停止控制外部接线

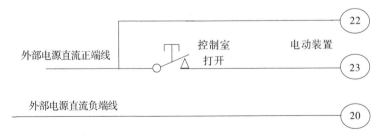

图 3-34 远方直流"有信号开,无信号关"两线控制外部接线

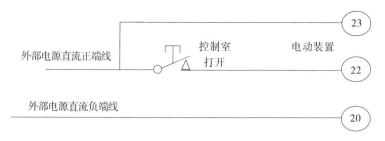

图 3-35　远方直流"有信号关,无信号开"两线控制外部接线

若使用控制室 220 V AC 电压实现控制,远方交流点动式打开/关闭控制外部接线如图 3-36 所示,此时阀门可以停在中途任意位置;远方交流保持式打开/关闭控制外部接线如图 3-37 所示,此时行程可逆,但不可以停在中途位置;远方交流保持式打开/关闭/停止控制外部接线如图 3-38 所示。若使用两线控制,则"有信号开,无信号关"外部接线如图 3-39 所示,"有信号关,无信号开"外部接线如图 3-40 所示。

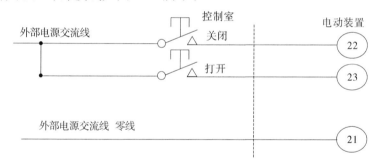

图 3-36　远方交流点动式打开/关闭控制外部接线

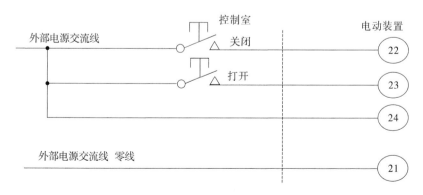

图 3-37　远方交流保持式打开/关闭控制外部接线

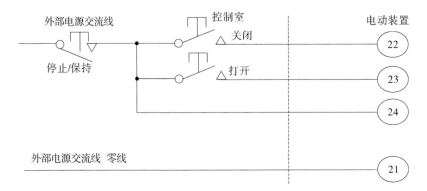

图 3-38　远方交流保持式打开/关闭/停止控制外部接线

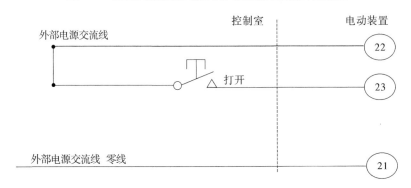

图 3-39　远方交流"有信号开,无信号关"两线控制外部接线

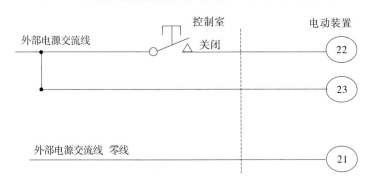

图 3-40　远方交流"有信号关,无信号开"两线控制外部接线

图中小圈内的数字为接线端子号。其中,引脚 19 为非稳压 24 V DC 输出端(＋)远方无源控制公共端,引脚 20 为非稳压 24 V DC 输出端(－)远方有源控制公共端,引脚 21 为交流电控制公共端,引脚 22 为远方关闭控制信号输入端,引脚 23 为远方打开控制信号输入端,引脚 24 为远方保持控制信号输入端。

3. 设计分析

远方开关控制隔离输入电路如图 3-41 所示。

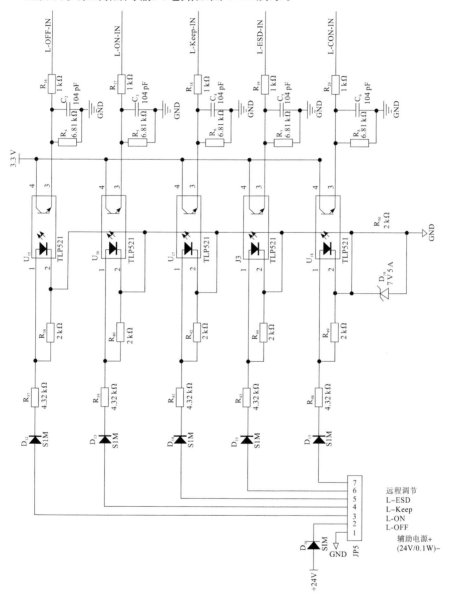

图 3-41 远方开关控制隔离输入电路

无论控制室处于有源状态还是无源状态,远方打开(L-ON)/关闭(L-OFF)/保持(L-Keep)/ESD(L-ESD)相应按钮按下或继电器触点闭合时,均通过接插件 JP5 连接,此时对应的光电耦合器 TLC521-1 的发光二极管导通,对应的隔离晶体管也导通。微控制器 MM32F5287K7PV 的端口 PB 与隔离输入开关量信号相连,实现对智能型阀门电动装置的远方开关量控制。其中,网络标号 L-OFF-IN 连接 PB10,网络标号 L-ON-IN 连接 PB9,网络标号 L-Keep-IN 连接 PB8,网络标号 L-ESD-IN 连接 PB7,网络标号 L-CON-IN连接 PB8。

3.6.2 远方调节控制隔离输入检测电路设计

1. 设计要点

(1)智能型阀门电动装置的闭环调节系统。智能型阀门电动装置接收远方 4~20 mA DC 标准电流信号,并通过闭环控制实现阀门开度的线性调节,其闭环调节方框图如图 3-42 所示。被控变量为阀位,操纵变量为电动机控制电源,被控对象为电动机、减速机构、输出轴以及阀门管路。

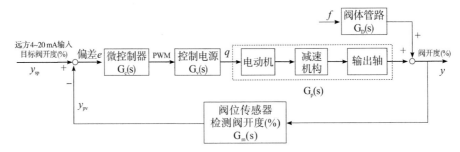

图 3-42 阀位闭环线性调节方框图

(2)信号转换与比例积分控制策略。远方 4~20 mA 信号需转换为阀门开度的百分数形式,作为给定值 y_{sp},可按式(3-1)计算得到。

$$y_{sp} = \frac{IN_z - IN_{4\,mA}}{IN_{20\,mA} - IN_{4\,mA}} \times 100\% \tag{3-1}$$

式中:IN_z 为远方 4~20 mA 模拟输入信号 AD 采样值;$IN_{4\,mA}$ 为远方 4 mA 模拟输入信号 AD 采样零点校准值,可通过 EEPROM 读取;$IN_{20\,mA}$ 为远方 20 mA 模拟输入信号 AD 采样量程校准值,同样可通过 EEPROM 读取。被控变量的阀位测量值采用增量式编码器检测,同样可转换为阀门开度的百分数形式。

如图 3-42 所示,偏差 $e = y_{sp} - y_{pv}$,即给定值减去测量值。微控制器采用比例积分控制(proportional integral control,PI control),简称 PI 控制。其中,其比例作用依据偏差的大小调整输出,而积分作用依据偏差是否存在而决定是否进行累积调整。微控制器采用 PWM 控制技术,实现了对电动机控制电源的控制。偏差越大,PWM 信号输出占空比越大,通过控制电动机正转或反转,PWM 信号输出占空比会随着偏差的变化而变化。由于积分作用的存在,当偏差减小到接近零,即稳定在设定的死区内时,电动机将停止转动。

微控制器在此设计中采用了工业用数字式增量型 PI 控制算法,第 $n-1$ 个采用周期 PI 控制,输出可用式(3-2)表示,第 n 个采用周期与第 $n-1$ 个采用周期 PI 控制输出之差可用式(3-3)表示。

$$y_{n-1} = \frac{100}{P}\Big[e_{n-1} + \frac{T_S}{T_I}\sum_{i=0}^{n-1}e_i\Big] \tag{3-2}$$

$$\Delta y_n = y_n - y_{n-1} = \frac{100}{P}\Big[(e_n - e_{n-1}) + \frac{T_S}{T_I}e_n\Big] \tag{3-3}$$

式中:T_S 为采用周期,本设计采用 100 ms;P 为比例作用比例度,可设置为 100;T_I 为积分时间,设置为 60 s。

(3)死区特性及其对系统性能的影响。阀门电动装置的位置环控制中有一个与控制精度有关的重要系统参数——死区。死区可分为机械传动部分死区、位置测量部分死区和人为死区三种。智能型阀门电动装置死区特性如图 3-43 所示。图中,$x_1(t)$ 为机械间隙、摩擦力、测量间隙等,$x_2(t)$ 为位置差,Δ 为死区大小,k 为死区直线斜率。

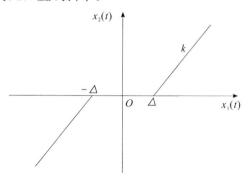

图 3-43 智能型阀门电动装置死区特性图

智能型阀门电动装置死区特性可表示为

$$x_2(t) = \begin{cases} kx_1(t) - \Delta & x_1(t) \leqslant -\Delta \\ 0 & -\Delta \leqslant x_1(t) \leqslant \Delta \\ kx_1(t) + \Delta & x_1(t) \geqslant \Delta \end{cases} \tag{3-4}$$

$x_1(t)$在死区范围内时,对系统的影响为0;$x_1(t)$超出死区时,对系统的影响与斜率、输入扰动量有关。机械死区受制造水平、装配工艺、环境等影响较大,分布较随机;位置测量部分死区可根据采样周期、行速度等计算死区范围;而人为死区则是为补偿机械间隙、摩擦力、测量间隙而人为设置的。

死区直接影响智能型阀门电动装置的控制精度和稳定性。死区增大,系统稳定性提高,控制精度降低;死区减小,系统控制精度提高,稳定性降低,系统可能发生振荡。智能型阀门电动装置应在控制精度的范围内,保证控制稳定的情况下合理设置死区。

(4)智能型阀门电动装置的操作与信号处理。智能型阀门电装可通过旋钮设定远方工作状态,也可通过红外线遥控器设定开关/调节控制。在"远方调节控制"工作状态下,可通过检测控制室远传的4~20 mA控制电流,实现对阀门电装的线性调节控制。为减小外部输入的干扰,4~20 mA输入采用隔离输入的方式,核心器件采用线性光耦HCNR201和单路低电压轨至轨满幅运算放大器LMV321,控制单元可根据该4~20 mA信号实现智能型阀门电动装置阀门开度的线性调节控制。

2. 设计分析

(1)4~20 mA隔离输入电路的设计与分析。4~20 mA电流隔离输入检测电路如图3-44所示。4~20 mA输入电流信号经电阻R_{26}转换为标准的0.66~3.3 V电压信号,经二阶低通滤波器和U_{10A}运算放大器放大后作为线性光耦HCNR201的输入电压。HCNR201的LED、PD_1及运算放大器U_{10B}等组成隔离电路的输入部分,PD_2及运算放大器U_8等组成隔离电路的输出部分。设隔离电路输入电压为V_{in},输出电压为V_{out},LED上电流为I_f,二极管PD_1上产生的电流为I_{PD_1},二极管PD_2上产生的电流为I_{PD_2},隔离电路中PD_1形成了负反馈,当有电压V_{in}输入时,运算放大器U_{10B}的输出使LED上有电流I_f流过(输入电压的变化体现在电流I_f上),并驱动LED发光,将电信号转变成光信号。LED发出的光被PD_1探测到,产生光电流I_{PD_1},同时,输入电压V_{in}也会产生电流流过R_{22}。运算放大器U_{10}选用LM2904,其输入偏置电流为nA级,流入U_{10B}输入端的电流可忽略不计,流过R_{22}的电流将会流过PD_1到地,因此,$I_{PD_1}=V_{in}/R_{22}$。因为LED发出的光会同时照射在两个光敏二极管上,且PD_1和PD_2完全相同,理想情况下,$I_{PD_2}=I_{PD_1}$。此处定义一个系数k,则有$I_{PD_1}=kI_{PD_2}$,k为1±5%。运算放大器U_8和电阻

R_{20} 把 I_{PD_2} 转变成输出电压 V_{out}，有 $V_{out} = I_{PD_2} R_{20}$，则输出电压和输入电压的关系为 $V_{out}/V_{in} = R_{20}/kR_{22}$，因此，输出电压 V_{out} 具有稳定性，其增益可通过调整 R_{20} 与 R_{22} 的值来实现，这里，取 R_{20} 和 R_{22} 的值相同。

图 3-44 中，R_{22} 起限流作用，R_{21} 用于控制 LED 的发光强度，对控制通道增益有一定作用。电容 C_{17}、C_{18} 为反馈电容，用于提高电路的稳定性。运算放大器 U_{10A}、U_{10B} 的作用是把电压信号转变成电流信号，运算放大器 U_8 的作用是把光耦输出的电流信号转变为电压信号，并增强负载驱动能力。因供电电源为 5 V DC，输入输出电压为 1~5 V DC 信号，运算放大器 U_8 选用单路低电压轨至轨满幅运算放大器 LMV321，输出电压 V_{out} 连接至微控制器引脚 14PA0/ADC12-IN0。

(2) 微控制器 ADC 的配置与性能优化。微控制器 MM32F5287K7PV 内置 2 个 12 位逐次逼近型模拟数字转换器。模拟数字转换器(analog to digital converter，ADC)有可测量内部或外部信号源，其中，ADC1 有 19 路外部输入通道，ADC2 有 17 路外部输入通道和 2 路内部通道。可以单次、单周期或连续转换，还可以选择普通通道转换或任意通道转换。ADC 的最大输入时钟为 48 MHz，由 APB2 总线时钟(PCLK2)分频产生，通道转换方式采用单端转换，其中 0~18 通道的模拟信号与 ADC 内部参考电压 V_{ref} 的差值会被数字量化，然后输出相应的量化结果以便进行比较，数据转换方式采用单次转换模式，即配置 ADC_ADCR。

ADMODE 为单次转换，配置的通道执行一次转换操作后进入空闲状态，通过外部触发输入、定时器触发、软件三种方式可以置位 ADC_ADCR.ADST，开始 A/D 转换。一旦开始转换，采样输出位 SAMPL 将在 3.5 个 ADC 时钟后清除。转换完成后，SAR 转换结果 SAR_DATA 将存储于数据寄存器 ADC_ADDATA 和 ADC_ADDRn 中。如果 A/D 转换结束时，状态寄存器 ADC_ADSTA.EOSIF 位被置"1"，则会触发 1 个 A/D 转换结束中断请求。A/D 转换期间，ADC_ADCR.ADST 位将保持"1"，A/D 转换结束后，ADC_ADCR.ADST 位会自动硬件清零，A/D 转换器将返回空闲状态。

ADC 的内部信号源通道连接了一个 1.2 V 内部基准参考电压 V_{ref}，此通道把 1.2 V 的参考电压输出转换为数字值，通过计算获得内部参考电压值。

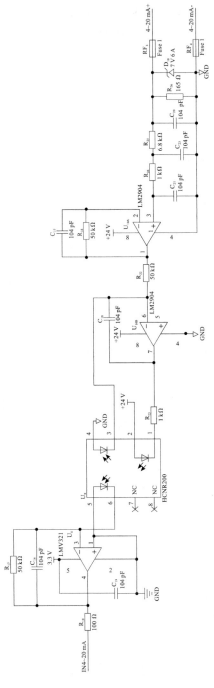

图 3-44 4～20 mA 电流隔离输入检测电路

本设计中,12 位 ADC 的电压 V_{DD} 为 3.3 V,V_SENSOR 通道转换值为 ADC_ADDR,其计算公式可用式(3-5)或式(3-6)表示。

$$3.3/4096 = V_{ref}/ADC\_ADDR \tag{3-5}$$

$$V_{ref} = (ADC\_ADDR \times 3.3)/4096 \tag{3-6}$$

3.7 自诊断信号输出模块设计

智能型阀门电动装置具有不少于 4 路的非保持型开关(掉电后其开关状态会发生改变),用于指示电装的状态,触点的额定容量为 5 A/250 V AC 或 5 A/30 V DC。它可设定关到位、开到位、关过度、开过度、正在开、正在关、中间位置、远方位置、现场位置 9 种状态。也可根据需要扩展至不少于 4 路的保持型开关(掉电后其开关状态不发生改变),其状态项相同。系统还具备 1 路 4~20 mA 模拟量状态信号的输出功能,用于提供阀位电流反馈,其中正端标记为"+",负端标记为"-"。

3.7.1 开关量报警输出电路设计

1. 设计要点

智能型阀门电装需满足以下功能要求,以实现中控室的状态反馈和报警通知。

(1)需提供 5 个非保持型的可组态输出干触点,用于将执行器的状态反馈给中控室。出厂默认 OUT1 为关到位闭合,OUT2 为开到位闭合,OUT3 为关过度闭合,OUT4 为开过度闭合,OUT5 为远方闭合。

(2)需提供一组非保持型的综合报警输出杆触点 OUT6,用于将执行器的各种报警信息反馈给中控室。当电源断电、电源缺相、电动机过热、比例控制信号丢失、远方打开和远方关闭信号同时存在/执行器正在进行工作参数设定/执行器内部故障、执行器过度(此项可组态,默认有效)/操作模式不在远方(此项可组态,默认无效)时,都将使报警继电器常开触点端闭合。

(3)为减小继电器电磁干扰,继电器采用 5 V 独立供电电源。

2. 设计分析

输出报警触点及现场可组态输出触点电路如图 3-45 所示。输出触点驱动电路如图 3-46 所示。

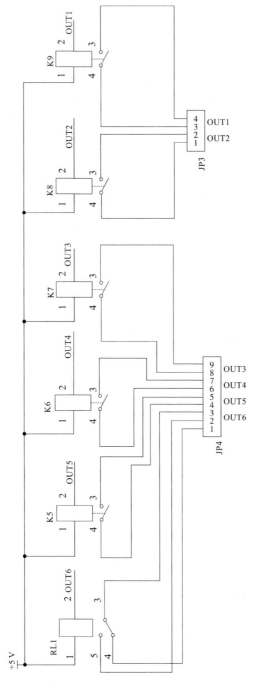

图 3-45 输出报警触点及现场可组态输出触点电路

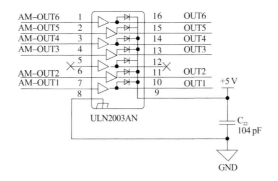

图 3-46 输出触点驱动电路

为增强驱动继电器线圈驱动能力,增加了 1 个 ULN2003AN 驱动电路。ULN2003AN 由达林顿晶体管阵列、相应的电阻网络以及钳位二极管网络构成,可以同时驱动 7 组负载,为单片双极型大功率高速集成电路。它的输出端允许通过电流为 200 mA,饱和压降 V_{CE} 约为 1 V,耐压 BV_{CEO} 约为 36 V,采用集电极开路输出,输出的电流大,可以直接驱动继电器或固体继电器。

如图 3-46 所示,ULN2003AN 输入端 AM-OUT1、AM-OUT2、AM-OUT3、AM-OUT4、AM-OUT5、AM-OUT6 分别连接微控制器输出口 PA3、PA4、PA5、PA6、PA7、PA8。当电桩出现故障报警或相应组态输出报警时,PA3 至 PA8 相应端口输出高电平。此时,ULN2003AN 相应输出端口 OUT1 至 OUT6 将输出低电平,驱动相应的继电器线圈,继电器常开触点闭合,实现报警状态输出。

3.7.2 阀位隔离输出电路设计

1. 设计要点

微控制器采用 PWM 方式,经光电耦合器、运算放大器线性放大输出标准的 4~20 mA 信号。

2. 设计分析

隔离输出阀位反馈电流电路如图 3-47 所示。

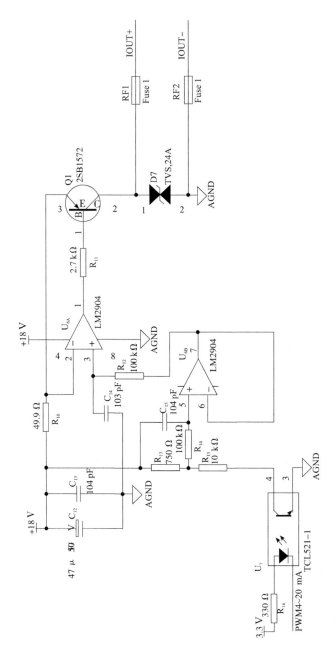

图 3-47 隔离输出阀位反馈电流电路

图中,PWM 4～20 mA 连接到微控制器引脚 37 的 PC6/TIM3_CH1。当 PWM 信号为低电平时,光电耦合器 TLC521-1 发光管导通。PWM 信号输出占空比越小,经限流电阻 R_{16} 提供给光电耦合器发光二极管的偏置电流平均值越大，光电晶体管输出电流和饱和压降 V_{CE} 将随 PWM 信号输出占空比增大而增大，呈线性相关。

运算放大器 U_6 选用 LM2904，LM2904 内部包含有两个独立的、高增益的、内部频率补偿的双运算扩大器，适合作为电源电压规模很宽的单电源使用，也适用于双电源的作业方式。在引荐的作业条件下，电源电流与电源电压无关。LM2904 适用于传感扩大器、直流增益模块和其他可用单电源供电的运用运算扩大器的场合。如图 3-47 所示，运算放大器 U_{6B} 引脚 6 的电压 V_6 应满足下式。

$$V_6 = 18\ \text{V} - 50\ \Omega \times (4 \sim 20)\text{mA} = (17.0 \sim 17.8)\text{V} \quad (3\text{-}7)$$

运算放大器 U_{6B} 的引脚 5 的电压 V_5 来自运算放大器 U_{6A} 输出端。U_{6A} 运算放大器为电压跟随器，其输出随运算放大器 U_{6A} 引脚 3 的输入端电压变化而变化。受脉冲宽度调制，其电压随 V_{CE} 变化而变化。U_{6A} 输出连接 R_{11} 和 C_{14} 构成低通滤波稳定输出电压和电流。经仿真调试，PWM 信号输出占空比为 84% 时，对应输出电流为 4 mA；PWM 信号输出占空比为 20% 时，对应输出电流为 20 mA。

3.8 总线通信接口模块设计

3.8.1 MODBUS 现场总线通信电路设计

1. 设计思想

现场总线是当今自动化领域技术发展的热点之一，被誉为自动化领域的计算机局域网，它的出现为分布式控制系统各节点之间实时、可靠的数据通信提供了强有力的技术支持。

MODBUS 是 Modicon 公司为 PLC 与主机之间的通信而发明的串行通信协议。其物理层一般采用 RS-232、RS-485 等异步串行标准。标准的 MODBUS 口使用 RS-485 兼容串行接口，它定义了连接口的针脚、电缆、信号位、传输波特率、奇偶校验，串行口的通信参数（如波特率、奇偶校验）可由用户选择。MODBUS 通信协议有远程终端（remote terminal unit，RTU）和 ASCII 两种传送方式，本设计采用 RTU 传送方式。

RS-485 标准是一个定义平衡数字多点系统中的驱动器和接收器电气特性的标准,由美国电子行业协会和美国通信工业协会共同定义。使用该标准的数字通信网络能在远距离条件下和电子噪声大的环境中实现信号的有效传输。RS-485 标准使得连接本地网络以及多支路通信链路的配置成为可能。

2. 设计要点

(1)现场总线技术与 RS-485 标准。在使用 RS-485 电气接口时,对于特定的传输线路,从 RS-485 电气接口到负载的数据信号允许的最大电缆长度与信号传输的波特率成反比,这种关系主要受信号失真及噪声等因素影响。理论上,通信速率在 100 kbit/s 以下时,RS-485 的最长传输距离可达 1200 m,但在实际应用中,传输的距离因芯片及电缆的传输特性而有所差异。在传输过程中,可以采用增加中继的方法对信号进行放大,最多可以增加 8 个中继器,即理论上 RS-485 的最大传输距离可以达到 10.8 km。如果确实需要长距离传输,可以采用光纤为传播介质,在收、发器两端各加一个光电转换器,多模光纤的传输距离为 5~10 km,而采用单模光纤可达 50 km 的传输距离。

(2)工业环境下的电气隔离与 ADM2483 差分总线收发器。智能型阀门电动装置的 RS-485 总线多用于工业环境,而工业环境使用条件非常复杂,各种干扰源都会干扰到设备运行,工作中还存在一些高压设备,由于电势差的存在,很可能损坏设备。所以,通过电气隔离将 RS-485 和前端的数字部分隔离开,可以保证系统安全。

ADM2483 差分总线收发器是一种集成的、电气隔离的器件,用于在平衡的多点总线传输线上进行双向数据通信。它将三通道隔离器、三状态差分线驱动器和差分输入接收器组合成单个封装。该器件的逻辑侧使用 5 V 或 3 V 电源供电,而总线侧仅使用 5 V 电源供电。为减少不适当的终端传输线反射,采用回转限制,传输数据速率限制在 500 kbit/s 以内。该设备的输入阻抗为 96 kΩ,允许总线上最多有 256 个收发信机。它的驱动器有一个主动的高电平使能特性,驱动器差动输出和接收器差动输入在内部连接形成差动输入/输出(I/O)端口,当驱动程序被禁用或当 $V_{DD1}=0$ V 或 $V_{DD2}=0$ V 时,对总线施加最小的负载。接收器还具备高电平禁用特性,该特性使接收输出进入高阻抗状态。接收器具备真正的故障安全功能：当输入端呈开路状态或被短路时，接收器将保持逻辑高电平，确保通信开始之前和通信结束时接收器输出都处于已知状态。其还具有电流限制和热停机功能，旨在保护输出免受输出短路和总线争用的影响，但这些保护措施可能会导致设备过度消耗功率。该部分完全适用于工业温度范围，并适用于引脚 16 的宽体小外形集成电路封装（small outline integrated circuit，SOIC）。

（3）微控制器通用异步收发器（UART）的通信能力与技术特点。微控制器 MM32F5287K7PV 内置 UART，UART 可以灵活地与外部设备进行全双工数据交换。通过分数波特率发生器，UART 可以选择宽范围的波特率，支持异步单向通信、半双工单线通信、调制解调器操作以及 IrDA 红外线功能。另外，UART 还支持多处理器之间的通信。

在全双工通信的情况下，至少需要分配两个引脚给 UART，即接收数据输入（引脚 RXD）和发送数据输出（引脚 TXD）。外部串行数据通过引脚 RXD 传送给 UART 接收器。对于传输过程中产生的噪声，可以使用过采样的技术将其与数据区分并剔除，以得到原来的数据。UART 发送器内部产生的串行数据可通过引脚 TXD 发送输出；当发送器被使能且无数据发送时，引脚 TXD 输出高电平；当发送器被除能时，引脚 TXD 恢复 I/O 端口配置状态。

3. 设计分析

ADM2483 差分总线收发器引脚功能如表 3-5 所列。ADM2483 与微控制器接口电路如图 3-48 所示。其中：引脚 RXD 连接至单片机 PC4/UART1_RX；引脚 TXD 连接至微控制器 PC5/UART1_TX；引脚 DE 连接至微控制器 PC6，用于使能发送器的数据发送。

表 3-5　ADM2483 差分总线收发器引脚功能

引脚号	符号	功能
1	V_{DD1}	电源（逻辑侧）
2，8	GND_1	接地（逻辑侧）
3	RXD	接收器的数据输出端：当启用时，如果引脚 A、B 的电势差≥−30 mV，则 RXD 为高电平；如果引脚 A、B 的电势差≤−200 mV，则 RXD 为低电平。当接收器被禁用时（RE 端置位高电平时）RXD 将输出三态

续表

引脚号	符号	功能
4	RE	接收器的使能输入端:低电平使能接收器,高电平禁用接收器
5	DE	发送器的使能输入端:高电平使能驱动器,低电平禁用驱动器
6	TXD	传输数据输入端:驱动程序传输的数据输送至该端
7	PV	电源是否有效检测端:在上电和下电时使用;上电时,该引脚为低电平,V_{DD1}电压上升至大于2.0 V时,该引脚变为高电平;下电时,V_{DD1}电压下降至2.0 V时变为低电平
9,15	GND_2	接地(总线侧)
10,11,14	NC	无连接
12	A	同向驱动输出/接收输入端:当驱动器被禁用或当V_{DD1}或V_{DD2}断电时,引脚A被置于高阻抗状态以避免总线过载
13	B	反向驱动输出/接收输入端:当驱动器被禁用或当V_{DD1}或V_{DD2}断电时,引脚B被置于高阻抗状态以避免总线过载
16	V_{DD2}	电源(总线侧)

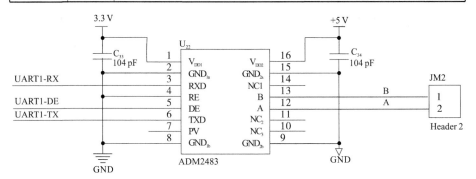

图3-48 ADM2483与单片机接口电路

3.8.2 CAN现场总线通信电路设计

1. 设计思想

CAN是ISO国际标准化的串行通信协议,是德国博世公司在20世纪80年代初为解决现代汽车中控制与测试仪器之间的众多数据交换问题而开发的一种串行数据通信协议。它是一种多主总线,通信介质可以是双绞线、同轴电缆或光导纤维。目前,CAN的高性能和可靠性已被认同,并被广泛地应用于工业自动化、船舶、医疗设备、工业设备等领域。

CAN 总线通信接口集成了 CAN 协议的物理层和数据链路层功能,可完成对通信数据的成帧处理,包括位填充、数据块编码、循环冗余检验、优先级判别等多项工作。

CAN 协议的一个最大特点是废除了传统的站地址编码,而采用对通信数据块进行编码的方法。采用这种方法可使网络内的节点个数在理论上不受限制。数据块的标识符可由 11 位或 29 位二进制数组成,可以定义 2 个或 2 个以上不同的数据块。这种按数据块编码的方式,还可使不同的节点同时接收相同的数据,这一点在分布式控制系统中非常有用。数据段长度最多为 8 个字节,可满足工业领域中控制命令、工作状态及测试数据的一般要求。同时,8 个字节不会占用总线过长的时间,保证了通信的实时性。CAN 协议采用循环冗余检验(cyclic redundancy check,CRC),可提供相应的错误处理机制,保证数据通信的可靠性。CAN 协议以其卓越的性能、极高的可靠性和独特的设计而闻名,特别适合工业过程监控设备的互联,因此,越来越受到工业界的重视,被公认为最有前途的现场总线之一。

2. 设计要点

(1)CAN 总线在工业应用中的挑战。CAN 总线有强大的抗干扰和纠错重发机制。目前,CAN 被大量应用于电磁干扰比较严重的场合,如新能源汽车、轨道交通、医疗、煤矿、电动机驱动等领域。智能型阀门电动装置多应用于工业现场,因此,CAN 总线通信抗电磁干扰能力尤为重要。电磁干扰不但影响信号,严重的还会导致智能电装通信板死机或者烧毁。

(2)抗干扰技术:接口与电源隔离。接口和电源的隔离是抗干扰的第一步。隔离的主要目的是避免地回流烧毁电路板和限制干扰的幅度。未隔离时,两个节点的地电位不一致,会产生回流电流,形成共模信号。CAN 的抗共模干扰能力范围为 -12~7 V,如果共模电压差超过这个差值则会出现错误;如果共模电压差超过 ± 36 V,可能会烧毁收发器或者电路板。过去,用户通常使用分立器件自行搭建隔离电路;如今,人们更青睐隔离收发器。CAN 隔离收发器的总线隔离技术与传统分立器件方案相比具备更高的集成度与可靠性,能够有效提升总线通信防护等级,极大程度地降低生产成本,大幅缩短开发周期。

（3）ADM3054：ADM3054 是一款集成式 CAN 隔离收发器，符合 ISO 11898标准。该器件采用 ADI 公司的 iCoupler 技术，将三通道隔离器和 CAN 收发器集成于单封装中。ADM3054 可分为数字逻辑和收发器两部分，其内部结构如图 3-49 所示，其中，通道的电气隔离在数字逻辑部分实现。施加到引脚 TXD 的驱动器输入信号相对逻辑接地（GND_1）经隔离栅耦合，输出至相对总线接地（GND_2）的总线发送端。同样，总线接收端输入（相对总线接地）通过隔离栅耦合，输送至相对逻辑接地的引脚 RXD 处。

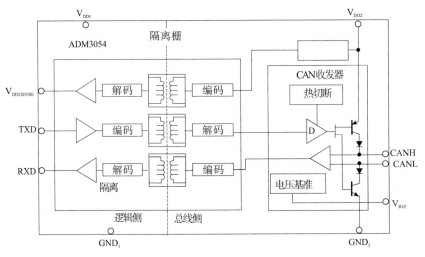

图 3-49　ADM3054 的结构

ADM3054 在 CAN 协议控制器与物理层总线之间创建了一个隔离接口，它能以最高 1 Mbit/s 的数据速率工作。器件逻辑端采用 V_{DD1} 上的 3.3 V 或 5 V 单电源供电，总线端则采用 V_{DD2} 上的 5 V 单电源供电，总线端（V_{DD2}）失电状况可以通过集成的 $V_{DD2SENSE}$ 信号检测。该器件的总线引脚（CANH 和 CANL）集成有保护功能，可防止发生短接到24 V系统中的电源或地的情况。此外，该器件还具有限流和热关断特性，可防止发生输出短路、总线被短接至地或电源引脚的情况，适用于工业温度范围，提供引脚 16、宽体 SOIC 封装。

3. 设计分析

ADM3054 引脚功能如表 3-6 所列。ADM3054 与单片机接口电路如图 3-50 所示。其中，引脚 RXD 连接至单片机 PI0/CAN1_RX，引脚 TXD 连接至单片机 PI1/CAN1_TX，$V_{DD2SENSE}$ 连接至单片机 PD0。初始化配置寄存器可配置 CAN1 为正常工作状态,FlexCAN 可同步至 CAN 总线。

表 3-6　ADM3054 接口引脚功能

引线号	符号	功　能
1	NC	无连接,此引脚保持未连接状态
2	GND_1	接地(逻辑侧)
3	GND_1	接地(逻辑侧)
4	$V_{DD2SENSE}$	V_{DD2} 电压检测:$V_{DD2SENSE}$ 上的低电平表示 V_{DD2} 上的电源已连接;$V_{DD2SENSE}$ 上的高电平表示 V_{DD2} 上的电源丢失
5	RXD	输出数据接收端
6	TXD	输入数据发送端
7	V_{DD1}	电源(逻辑侧):3.3 V 或 5 V;需要 GND_1 连接去耦电容器;建议电容值为 0.01~0.1 μF
8	GND_1	接地(逻辑侧)
9	GND_2	接地(总线侧)
10	V_{REF}	基准电压输出
11	CANL	低电平 CAN 电压输入/输出
12	CANH	高电平 CAN 电压输入/输出
13	V_{DD2}	电源(总线侧):5 V;需要 GND_2 连接去耦电容器;建议电容值为 0.1 μF
14	NC	无连接,此引脚保持未连接状态
15	NC	无连接,此引脚保持未连接状态
16	GND_2	接地(总线侧)

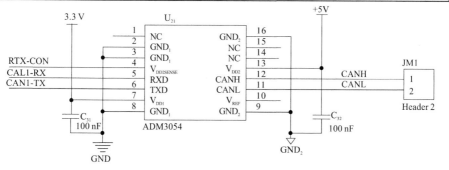

图 3-50　ADM3054 与单片机接口电路

第4章 部分回转智能型阀门电动装置软件设计

4.1 软件设计要求与编程策略

4.1.1 软件设计要求

部分智能型回转阀门电动装置的软件设计需要实现电动执行机构智能一体化控制,包括:自动读取转矩信号和行程的数字信号;通过就地按键和显示屏进行调试、参数设置及显示;根据 ESD 或远程输入信号(开关/停、模拟量、总线)驱动电动机输出阀门位置和转矩,根据实际运行情况保护阀门,实时记录阀位和故障;根据阀位输出 4~20 mA 电流信号,以继电器组态为基准,驱动信号继电器输出 6 路状态信号;实时故障诊断及预判;USB 数据交互;在线程序重载等。

智能型阀门电动装置配备 128×64 点阵式图形液晶显示屏,可通过红外遥控器或旋钮实现人机"对话",具体包括以下几方面:

(1)可设置项目包括操控方向(正向或反向)、限位方式(阀位或扭矩)、开阀转矩门限(额定值 50%~100%)、关阀转矩门限(额定值 50%~100%)、电流门限(额定值 150%~300%)、S1~S4 状态继电器内容(用户要求的四个状态编码)、远程操控模式(模拟量控制、ESD 应急控制、两线控制、开关量控制)、现场操控模式(点动或联动)、外部联锁(开启或取消)、修改密码(4 位数字)、阀位控制精度(0.5%~5%FS)、修改时间(当前时间)。

(2)可校准参数包括转矩定标、电流定标、阀位输出电流校准、转矩输出电流校准、模拟输入信号校准(调节型)。

(3)正常工作屏幕显示内容包括操控方向图标、阀位百分比、操控信号图标、控制模式图标、故障类型图标及文字说明、菜单文字及设置参数、操作提示文字。

(4)输出故障信息包括电动机或箱内过热、转矩超限、电源缺相、内部故障、ESD报警、控制信号错误、阀位信号错误。

4.1.2 软件总体设计

系统 MCU 采用 C 语言编写。C 语言编写程序方便且易于检测，编写的程序易于阅读和维护。编程环境使用美国 Keil Software 公司出品的、支持 ARM 微控制器的 Kiel μVision 5，系统软件流程图使用 Microsoft Office Visio 绘制。

Keil Vision 是广大信息技术行业从业人士熟悉的嵌入式开发调试工具，采用全 Windows 界面，支持兼容 MC-51 指令集的单片机进行软件开发，支持使用 C 语言和汇编语言。该软件集成了 C 编译器、宏汇编、链接程序、库管理和仿真调试器等功能，可在 Windows 7 及以上操作系统上运行。

Microsoft Office Visio 是 Microsoft 公司开发的流程图和示意图绘制软件，可用于复杂信息、系统和流程的可视化处理、分析和交流、业务流程图、软件界面、网络图、工作流图表、数据库模型和软件图表等的绘制，有助于理解、记录和分析信息、数据、系统及其相关过程。

软件总体设计的具体流程如下：首先，按照软件目标和要求，使用 Microsoft Office Visio 进行各软件模块流程图的绘制，确定流程后进行具体的软件设计；然后，在 Kiel μVision 5 中完成程序编制、单元模块软件编制，完成后按照试验大纲进行验证；最后，整合各单元模块软件，进行整体编译及调试，再结合硬件进行测试。

(1)系统软件结构。系统软件结构可分为三部分：显示部分包含就地按键输入、显示屏、红外遥控、指示灯；电源检测部分包含缺相和相序输入检测；主控制部分包含 4～20 mA 输入输出、行程绝对编码器和力矩编码器数据读取、调试参数存取 EEPROM、6 路继电器信号输出、远方按键输入、SPI、在线故障诊断和程序重载等模块。显示部分的界面分为远方控制、现场控制、参数设置/浏览、出厂设置四类。其中，出厂设置界面仅可通过厂用遥控器进入，进入后选择现场控制即可操作。

(2)系统软件设计规范。软件主程序 main 函数和其他函数模块均为".c"文件，通过 include 指令引入相应的 xxx.h 声明后可互相调用。公共变量被 x 文件定义后,其他模块只要通过 extern 声明就可直接引用此变量。有返回值模块的函数需采用公共变量,返回值不能在引用时被修改。其他需要计时的函数需以定时器时间为基准进行计时,尽量不使用延时函数,模块的定时查询或输出需在定时器中断服务程序中进行。UART、系统管理总线(system management bus,SMBUS)、SPI 均采用中断方式收发数据。需按照软件方案和 C 语言代码规范进行代码编制,代码需满足"清晰第一、简洁唯美、风格恰当"的原则。

4.1.3 软件开发平台

本书采用 MindSDK 作为软件开发平台。MindSDK(MM32-MCU-SDK)是由上海灵动微电子股份有限公司开发和维护的、基于灵动微控制器的软件开发平台,其包含灵动微控制器所必需的芯片头文件、启动程序、连接命令脚本等源码,灵动微控制器外设模块的驱动程序源码,以及大量便于用户使用的软件组件源码和开发工具。MindSDK 还提供了丰富的样例工程和综合演示工程,可以直接在 MindSDK 支持的硬件开发板上运行,演示实际的工作情况,便于用户在具体的应用场景中了解驱动程序和软件组件程序应用接口(application program interface,API)的用法。MindSDK 在灵动主流的微控制器系列间实现了跨平台兼容,同一份样例工程可以在不同平台之间移植,以方便用户在产品选型阶段快速完成评估,选择合适的微控制器。MindSDK 使用层次模型组织架构和实现内容,如图 4-1 所示。

图 4-1 MindSDK **系统框图**

目前，MindSDK 已经支持众多主流开发工具，如操作系统 Windows 和 Linux，编译工具链 Keil MDK、IAR for Arm 和 ARMGCC，调试器 SEGGER JLink 和 DAPLink。此外，MindSDK 还支持灵动官方发布的 PLUS-F5280 开发板，如图 4-2 所示。

图 4-2　MindSDK 支持的 PLUS-F5280 开发板

MindSDK 通过专门的在线发布平台发布最新的 MindSDK 代码包。下载专属代码包的步骤非常简单，从登录到下载到需要的代码包，最多需要 4 步，如图 4-3 所示。

图 4-3　MindSDK 软件包获取

在 MindSDK 的在线发布平台上还提供一小段示例，可帮助用户了解订制 MindSDK 软件包、编译工程创建可执行文件、下载可执行文件到开发板并运行的操作流程。

从 MindSDK 的目录结构中可以看到已经支持的驱动组件、软件功能组件、应用样例工程和驱动样例工程，如图 4-4 所示。

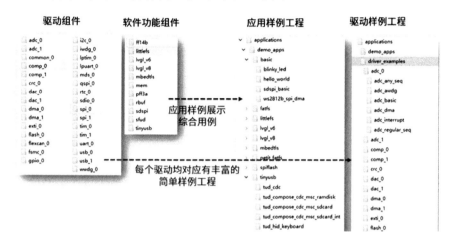

图 4-4　MindSDK 支持的组件

MindSDK 的绝大多数代码存放在二级目录下，如图 4-5 所示，层级简单、整洁。

图 4-5　MindSDK 单个工程的文件组织

在 Keil 中打开 MindSDK 样例工程，如图 4-6 所示。

88　部分回转阀门电动装置智能化改造设计与实践

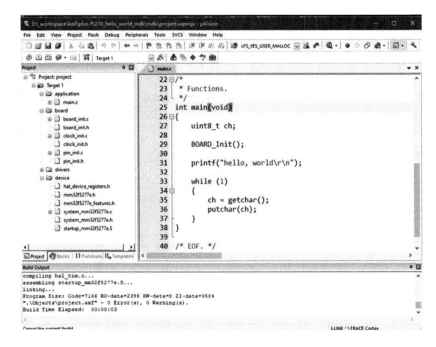

图 4-6　在 Keil 中打开 MindSDK 样例工程

MindSDK 有两种典型的用法：一种是以 MindSDK 作为框架，搭建应用程序；另一种是以 MindSDK 作为板级支持包，支持大软件平台的开发。

在开发产品的过程中，一般先点击集成开发环境中的下载按钮。将程序固件烧录到目标 MM32 系列芯片中，然后进行调试验证。如果需要进行小批量的试生产烧录，除使用与夹具配合的专用第三方脱机烧录工具来实现批量烧录外，还可以通过 SEGGER 公司的 J-Flash 软件配合 J-LINK Plus 或 J-Flasher 来实现小批量的生产烧录。

J-Flash 软件是一款独立的编程软件，包含在 J-LINK 驱动包中。安装 J-LINK 驱动包后，它就会显示在应用列表中。J-Flash 软件可在无需 Keil 或 IAR 的项目工程文件的情况下，直接烧录固件文件（bin 或 hex 文件）。配合 SEGGER J-Link Plus 以上版本仿真器或 J-Flasher 系列编程器产品，用户可以免费使用该软件。

SEGGER J-Link 驱动程序可在 SEGGER 官网下载，其软件兼容 32 位与 64 位的 Windows 和 Linux 等操作系统。

安装 Mind Motion for J-Link 的芯片包后，J-Link 可以支持 Mind

Motion 全系列产品。利用 J-Flash 的 Program 功能,并按照要求配置,便可以实现小批量的烧录。

4.1.4 软件的编程策略

阀门电动装置的智能化是以功能要求和性能指标为依据,以国产单片机为核心配以外围电路来实现硬件设计的,软件的编程策略是智能化的必要因素。

智能型阀门电动装置的软件设计采用"软件复用"和"分而治之"的策略。

"软件复用"是指充分利用 MindSDK 软件开发平台。MindSDK 中包含灵动微控制器所必需的芯片头文件、启动程序、连接命令脚本源码,灵动微控制器外设模块的驱动程序源码,以及大量便于用户使用的软件组件源码和开发工具;还提供了丰富的样例和综合演示,可直接在 MindSDK 支持的硬件开发板上运行,演示实际的工作情况,便于用户在具体的应用场景中了解驱动程序和软件组件的 API 的用法。

"分而治之"是指将阀门电动装置智能化这个复杂问题依据功能分解为若干个子问题(子程序),逐个解决,再通过主程序链接在一起执行。微控制器软件系统结构如图 4-7 所示。

图 4-7 软件系统结构

4.2 电动机相序自适应功能软件设计

4.2.1 缺相与相序在线检测子程序设计

电源缺相与相序在线检测子程序是用于实现电动机输入电源相序自适

应和电动机缺相保护功能的程序。只有输入的电源相序正确,才能正常打开、关闭阀门;否则会造成阀门卡死或阀杆拉断,严重者会造成重大损失。电动机缺相保护功能用于保证电动机正常发热,避免缺相运行烧毁电动机。当电源检测部分软件检测到缺相时,会发出报警信号,系统控制部分会拒绝电动机动作,保持当前状态。控制部分上电初始化时,相序、缺相标志和旋向标志均默认为0,相序检测按照预定逻辑置位相序状态和旋向标志,实现电装不开盖情况下的电动机旋向自适应控制。

电动机三相电源缺相及相序检测软件采用 PB0 和 PB1 外部中断与定时器 T1 定时 200 ms 中断相结合的方法。初始化子程序流程如图 4-8 所示,电动机三相电源相序隔离检测 PB0、PB1 外部中断服务子程序流程如图 4-9 所示,电动机三相电源缺相隔离检测定时器 T1 定时 200 ms 中断服务子程序流程如图4-10所示。

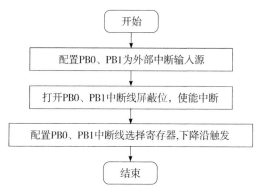

图 4-8　PB0、PB1 外部中断初始化子程序流程

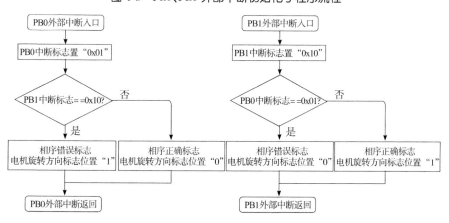

图 4-9　PB0、PB1 外部中断服务子程序流程

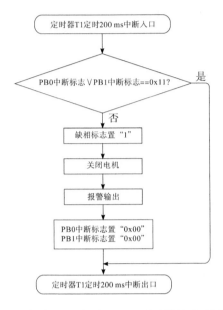

图 4-10　定时器 T1 定时 200 ms 中断服务子程序流程

4.2.2　电动机自适应换相与控制子程序设计

智能型阀门电动装置可依据现场操控旋钮、红外线遥控、远方开关量和模拟量实现电动机电源自适应换相与阀门打开、关闭和停止控制,其子程序流程如图 4-11 所示。

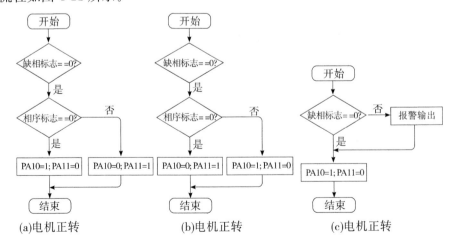

图 4-11　电动机自适应换相与控制子程序流程

4.3 被控变量在线检测软件设计

4.3.1 阀位在线检测子程序设计

微控制器 MM32F5287K7PV 的高级定时器 TIM8 支持编码器接口模式。通过该模式,可方便地获取编码器的位置和电动机转动方向。

编码器接口模式就是计数器在 TI1 和 TI2 正交信号的相互作用下计数,在输入源改变期间,计数方向被硬件自动修改。通过配置 TIM8_SMCR 寄存器的 SMS 位可以选择输入源,根据输入源的不同,可以将编码器接口模式分为三种模式:SMS=001 为编码器接口模式 1;SMS=010 为编码器接口模式 2;SMS=011 为编码器接口模式 3。三种模式具体计数操作如表 4-1 所示,两个输入 TI1 和 TI2 常被用来作为正交编码器的接口。

表 4-1 计数方向与编码器信号的关系

计数模式	相对电平 (TI1FP1 相对于 TI2, TI2FP2 相对于 TI1)	TI1FP1 信号		TI2FP2 信号	
		上升	下降	上升	下降
编码器接口模式 1 (只在 TI2 计数)	高电平	—	—	递增计数	递减计数
编码器接口模式 1 (只在 TI2 计数)	低电平	—	—	递减计数	递增计数
编码器接口模式 2 (只在 TI1 计数)	高电平	递减计数	递增计数	—	—
编码器接口模式 2 (只在 TI1 计数)	低电平	递增计数	递减计数	—	—
编码器接口模式 3 (在 TI1 和 TI2 计数)	高电平	递减计数	递增计数	递增计数	递减计数
编码器接口模式 3 (在 TI1 和 TI2 计数)	低电平	递增计数	递减计数	递减计数	递增计数

由于使用编码器接口模式相当于使用了一个带有方向选择的外部时钟,所以编码器接口模式下计数器开启之前必须先配置好自动重装载寄存器(auto-reload register,ARR)。计数器在 0 到 TIM8_ARR 寄存器的自动装载值之间连续计数(递增计数和递减计数由外部时钟控制)。

编码器接口模式下,计数器依照增量编码器的速度和方向自动更新,确保计数器的内容始终反映编码器的位置。计数方向与相连的传感器旋转的方向对应,若 TI1 和 TI2 并不同时变化,计数方向将根据编码器信号的特定关系确定,如表 4-1 所列。

为提高编码器测量精度,本设计采用编码器接口模式 3。这种模式不仅便于实现增量式编码器四倍频输出,还能通过调整计数器的计数值来实现相位鉴相。编码器模式 3 下的计数器时序图如图 4-12 所示。

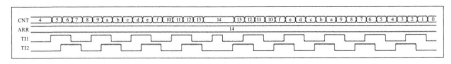

图 4-12　编码器模式 3 下的计数器时序图

定时器 TIM8 编码器接口模式 3 初始化流程如图 4-13 所示。

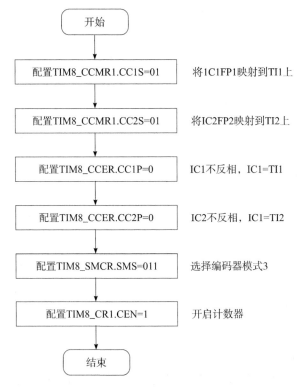

图 4-13　定时器 TIM8 编码器接口模式 3 初始化流程

编码器接口模式下,计数器可以提供传感器当前位置信息。可以通过使用另一个配置在捕获模式的定时器,测量两个编码器事件的间隔周期,从而获得动态的信息。根据两个编码器事件的间隔周期,可以定期读取计数器。还可以通过把计数器的值锁存到第三个输入捕获寄存器(捕获信号必须是周期性的,并且可以由另一个定时器产生)中,实现计数器的定期读取。若芯片内置直接存储器存取(direct memory access,DMA),还可以通过 DMA 请求来读取。

4.3.2 转矩在线检测子程序设计

转矩在线检测采用间接力矩测量法,即借助于对电磁转矩公式里参数的计算来达到测量输出转矩的目的,其计算公式可以表示为

$$T = KI\varphi\cos\theta \tag{4-1}$$

式中:T 为输出转矩,N·m;K 为比例系数;I 为转子电流,A;φ 为磁通量,Wb;θ 为电流与磁通量间的相位差,(°)。

由式(4-1)可知,执行机构的输入转矩与电动机的电磁转矩成正比。为得到电动执行机构的输出转矩,必须知道参数 I、φ、θ 的值,再由控制单元中的微处理器进行运算处理。这是利用先进的电路电子和计算机技术实现力矩检测的方式,该方式测量迅速且检测精度高。

电流检测通过电流互感器实现(将信号送入 MM32F5287K7PV 的 ADC12-IN1 中),软件设计可参阅本书 4.5.2 节。

4.4 现场操控人机接口软件设计

4.4.1 现场旋钮操控输入子程序设计

微控制器 MM32F5287K7PV 的每个通用 I/O 端口都可以通过配置 32 位的控制寄存器 GPIOx_CRL,寄存器设置为输入模式,具体操作是将 MODEx[1:0]设置为 00。同时,通过配置寄存器中的 CNFx[1:0]字段,可以选择不同工作模式。在 MM32F5287K7PV 的 GPIOx 中,"x"的范围为 A 到 I。

第一步,使能对应的 I/O 口时钟。可以通过所使用的外设对 RCC 的

RCC_AHBENR 寄存器进行赋值,将对应外设位置 1,使能时钟。

第二步,配置所需的 GPIO 引脚,设置速度及工作模式。端口 0 到端口 7 通过 GPIOx_CRL 寄存器来配置速度与工作模式,该寄存器中 MODEx[1:0] 位表示端口输入输出速度,CNFx[1:0] 位表示端口工作模式(MODEx 与 CNFx 中的 x 表示指定端口号)。若配置 GPIOx_CRL 寄存器中的 MODEx 位为 00,则端口为输入模式。此时,CNFx 位有四种配置方式,分别为 00(模拟输入模式)、01(浮空输入模式)、10(上拉/下拉输入模式)、11(开漏复用模式)。当端口配置上拉输入模式时,需要先设置对应端口的 GPIOx_ODR 寄存器的对应位为 1,以输出高电平。

在本设计中,GPIOB 端口 PB6、PB4、PB3、PB2 用于旋钮操控检测,需配置为上拉输入模式。端口配置初始化子程序流程如图 4-14 所示,旋钮操控阀门电装子程序流程如图 4-15 所示。

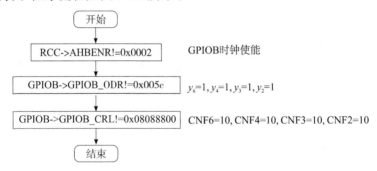

图 4-14 旋钮操控 GPIOB 输入端口配置初始化子程序流程

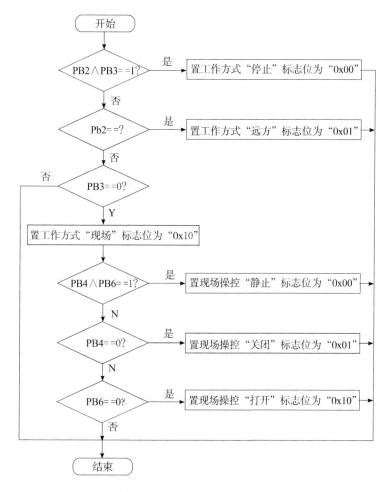

图 4-15 旋钮操控子程序流程

4.4.2 红外线遥控参数配置子程序设计

1. 红外线遥控参数组态

智能型阀门电动装置使用手持式红外线设定器对电动装置的各种状态信号参数进行配置、检查和诊断。液晶显示器以文字、数字和图样等形式显示，可以方便、快捷地实现人机交互。进行菜单操作时，可对各状态信号参数项目进行配置，主要包括转矩行程的设定、远方和就地控制的设定、状态信号输出的配置、故障自诊断与数据记录。红外线遥控参数组态软件流程如图4-16所示。

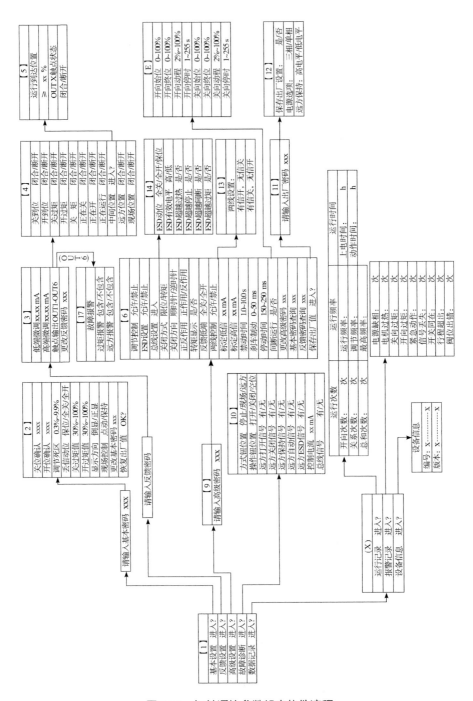

图 4-16 红外遥控参数组态软件流程

(1) 基本设置。基本设置包括关位确认、开位确认、调节死区、丢信动作、关过矩值、开过矩值、显示方向、现场控制、更改基本密码和恢复出厂设置。

(2) 反馈设置。反馈设置包括低端微调、高端微调、触点输出和更改反馈密码。

(3) 高级设置。高级设置包括调节控制、ESD 设置、关闭方式、关闭方向、正反作用、转矩显示、反馈低端、两线控制、电流标定、刹车制动、停动时间、间断运行、更改高级密码和保存出厂值等。

(4) 故障诊断。故障诊断包括方式钮位置、操作钮位置、远方打开信号、远方关闭信号、远方保持信号、远方自动信号、远方 ESD 信号、控制电流的检查与诊断和总线信号。

(5) 数据记录。数据记录包括运行记录、报警记录和设备信息。

2. 红外线遥控控制方式设定

(1) 就地控制方式设定。使用红外线设定器，操作菜单设置在"现场点动"时，可以在就地控制下使用操作"方式钮"和"操作钮"来控制电桩的点动打开或关闭；操作菜单设置在"现场保持"时，可以在就地控制下使用"方式钮"和"操作钮"来控制电桩的连续打开或关闭。

(2) 远方控制方式设定。"方式钮"设置在"远方"位置时，使用红外线设定器，操作菜单设置在"远方手动"时，可以在远方控制下操作电装的连续打开或关闭；操作菜单设置在"远方自动"时，可以在远方控制下通过 4～20 mA 电流量控制电桩的打开或关闭程度。

4.4.3 LCD 驱动子程序设计

电动装置通电后，电装的控制系统首先对指令、程序区、数据区和 A/D 转换功能依次进行自检。若自检正常，LCD 的阀位显示出当前阀位开度的百分数，报警区的内容被清除；若自检时某一项不正常，报警区将一直显示该项的不正常代码，控制系统不接受任何操作，等待处理。此时，LCD 需进行初始化，否则显示器无法正常显示。LCD 显示驱动初始化子程序如图 4-17 所示。

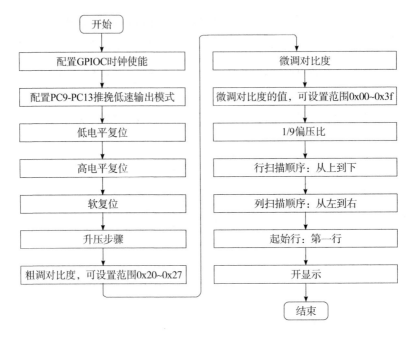

图 4-17　LCD 显示驱动初始化子程序

本设计中，LCD 读写采用串行接口，其读写时序如图 4-18 所示。传输指令/数据时，片选必须为低电平。CD（即 RS）为低电平时，传输指令；CD（即 RS）为高电平时，传输数据。在 SCK 上升沿时，SDI 传输指令/数据 1 位，先传最高位 D7，传 8 位就是一个字节。

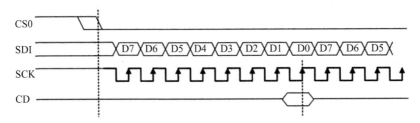

图 4-18　LCD 串行接口读写时序

LCD 显示器点阵与显示数据存储器（display data RAM，DDRAM）地址的对应关系采用特殊的页（PAGE）定义。这里的"页"与平时所讲的"页"并不是一个意思。此处 8 行为一页，一个 128×64 点阵屏可分为 8 页，即第 0 页到第 7 页。

D7 到 D0 的数据是由下向上排列的，最低位 D0 在最上面，最高位 D7 在最下面。每一位(bit)数据对应一个点阵,通常"1"代表点亮该点阵,"0"代表关闭该点阵,如图 4-19 所示。

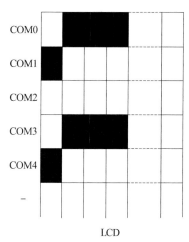

图 4-19　点阵与 DDRAM 地址的对应关系

通常,宋体 12 磅汉字显示对应的点阵的宽×高为 16×16,因此一行汉字占 2 页,可显示 8 个汉字,一个 128×64 点阵屏可显示四行汉字。

智能型阀门电动装置 LCD 显示包括参数设定状态和正常运行状态两种形式。当进入工作参数设定的菜单时,液晶显示器显示为 4 行 16×16 的汉字。当进入正常运行状态时,Ⅰ区占用中间 4 页,以大字体显示阀门开度的百分数,或在阀位极限处以图形模拟蝶阀的方式显示;Ⅱ区以 1 行 16×16 的汉字显示控制方式;Ⅲ区以 1 行 16×16 的汉字显示运行状态和报警信息。这里,字体显示阀门开度的百分数需要自行构建 24×32 的点阵字库。显示驱动子程序主要包括汉字显示驱动和图形显示驱动,可根据工作状态分别调用。

4.5　远方控制输入信号检测软件设计

4.5.1　远方开关控制隔离输入软件子程序设计

智能型阀门电动装置在远方工作状态时,可通过红外线遥控器设定开关/调节控制。在"远方开关(手动)控制"的工作状态下,来自控制室的按钮或继电器触点开关量信号的供电方式包括阀门电装内部 24 V 直流供电、控制室 24 V 直流供电和控制室交流供电。开关量控制方式有远方无源点动式打开/关闭控制、远方无源保持式打开/关闭控制、远方无源保持式打开/关闭/停止控制和两线控制四种方式可以选择。

端口 PB 与隔离输入开关量信号连接，实现对智能型阀门电动装置的远方开关量控制。其中，网络标号 L-OFF-IN 连接 PB10，网络标号 L-ON-IN 连接 PB9，网络标号 L-Keep-IN 连接 PB8，网络标号 L-ESD-IN 连接 PB7。

微控制器 MM32F5287K7PV 的 GPIOB 端口 PB7、PB8、PB9、PB10 用于远方开关量控制检测，根据电路设计，需配置为 01（浮空输入模式）。端口配置初始化子程序流程如图 4-20 所示。

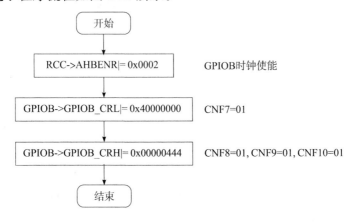

图 4-20　远方开关量控制端口配置初始化子程序流程

配置时钟使能寄存器 RCC_AHBENR，将 GPIOB 位设置为"1"，以使能 GPIOB 端口输入时钟。将端口寄存器 GPIOB_CRL 设置为 0x40000000，即在端口 PB7 为输入模式下 MODE7＝00，令 CNF7＝01，以完成 PB7 浮空输入模式的初始化。将端口寄存器 GPIOB_CRH 设置为 0x00000444，即在端口 PB8、PB9、PB10 为输入模式下 MODE8＝00，MODE9＝00，MODE10＝00，令 CNF8＝01，CNF9＝01，CNF10＝01，以完成 PB8、PB9、PB10 浮空输入模式的初始化。

远方开关量控制的四种方式对应寄存器 L-mode 如表 4-2 所列。远方开关量控制子程序流程如图 4-21 所示（以远方无源保持式打开/关闭/停止控制为例）。来自控制室的按钮按下或继电器触点闭合时，相应微控制器 PB8、PB9、PB10 检测到高电平；当保持按钮未按下时，相当于点动式打开/关闭控制；当保持按钮按下时，相当于保持式打开/关闭控制。

表 4-2 远方开关量控制方式对应寄存器数值

远方开关量控制方式	L-mode
远方无源点动式打开/关闭控制	0x00
远方无源保持式打开/关闭控制	0x01
远方无源保持式打开/关闭/停止控制	0x10
两线控制(有信开或关，无信停止)	0x11

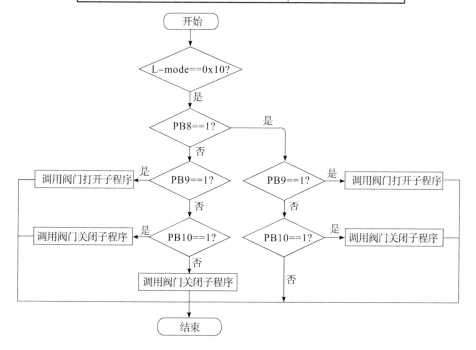

图 4-21 远方开关量控制子程序流程

4.5.2 远方调节控制隔离输入软件子程序设计

1. 硬件与信号转换设计

远方调节控制输入 4～20 mA DC 模拟信号，经隔离转换为 1～5 V DC 模拟信号，送入 MM32F5287K7PV 的 ADC12-IN0。

MM32F5287K7PV 的 ADC 拥有高达 3 MSPs 的转换速率，能够测量来自内部或外部信号源的信号。其中，ADC1 有 19 路外部输入通道，ADC2 有

17 路外部输入通道和 2 路内部通道。可以单次、单周期或连续转换,还可以选择普通通道转换或任意通道转换。ADC 功能框图如图 4-22 所示。

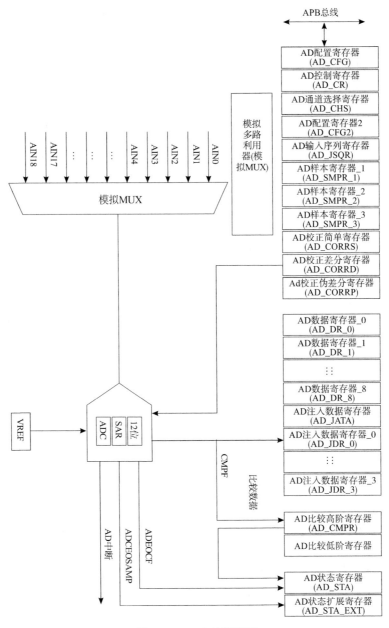

图 4-22　ADC 功能框图

2. ADC 的基本配置与通道使能

ADC 的最大输入时钟为 48 MHz,它是由 APB2 时钟(PCLK2)分频产生的。如图 4-22 所示,数据通过模拟输入信号(AIN)输入,传输到 12 位的逐次逼近型模拟数字转换器中,转换后的结果按指定方向对齐并存储到对应的通道数据寄存器中。为进行数据转换,ADC 需要进行以下配置:设置分辨率、采样时间、时钟分频系数以及工作模式。ADC 可选择通道 0 至通道 15 进行数据转换,在存储转换后的数据前需要提前配置数据对齐方向。

(1) ADC 分辨率设置。ADC 的转换数据分辨率决定其转换精度,设置的有效位数越多,量化的单位就越小,对输入信号的分辨能力就越强。通过设置 ADC_ADCFG 寄存器的 RSLTCTL[2:0] 位,可控制 ADC 转换数据分辨率,实现 12 位的有效分辨率配置。

(2) ADC 采样时间设置。ADC 的转换采样时间可通过设置 ADC_SMPRX 寄存器中的 SAMPCTLx 位来控制,通道 0 到通道 7 的采样时间由 ADC_SMPR1 寄存器控制,通道 8 到通道 15 的采样时间由 ADC_SMPR2 寄存器控制,可选择的采样周期如图 4-23 所示。

位	字段	种类	重置	描述
31:0	SAMCTLx	rw	0x00	选择通道 0~7 的采样时间(channel × sample time selection) 这些位用于独立地选择每个通道的采样时间。在采样周期中,通道选择位必须保持不变 0000:2.5 个周期 0100:42.5 个周期 0001:8.5 个周期 0101:56.5 个周期 0010:14.5 个周期 0110:72.5 个周期 0011:29.5 个周期 0111:240.5 个周期 1000:3.5 个周期 1001:4.5 个周期 1010:5.5 个周期 1011:6.5 个周期 1100:7.5 个周期 其他:保留 保留项始终读为 0

图 4-23 ADC 采样时间

(3) ADC 时钟分频系数设置。ADC 时钟的分频系数可通过设置 ADC_ADCFG 寄存器的 ADCPRE 位来选择,ADC 外设时钟将被(ADCPRE+2)

分频,作为 ADC 时钟。

通过设置控制寄存器 ADCR 中的 ALIGN 位,可选择转换后数据,储存为左对齐或右对齐,如图 4-24 所示。当采用右对齐时,A/D 转换结果的最低位与数据寄存器中 DATA 位的最低位对齐时;当采用左对齐时,A/D 转换结果的最高位与数据寄存器中 DATA 位的最高位对齐。

数据右对齐

0	0	0	0	D11	D10	D9	D8	D7	D6	D5	D4	D3	D2	D1	D0

数据左对齐

D11	D10	D9	D8	D7	D6	D5	D4	D3	D2	D1	D0	0	0	0	0

图 4-24 ADC 数据对齐

(4) ADC 工作模式设置。ADC 的每个外部输入通道都具有独立的使能位,可通过设置通道选择寄存器 ADC_ADCHS 的 CHENx 位使能对应的模拟输入通道。

在单周期扫描模式下,可以通过设置控制寄存器 ADC_ADCR 中的 SCANDIR 位选择扫描通道的方向。在运行过程中,ADC 将按照使能的通道顺序进行一次 A/D 转换。启动 A/D 转换可以通过软件或外部触发来实现,这需要置位控制寄存器中的 ADST 位。外部触发还可以通过软件配置触发延时。默认情况下,转换方向是从最小序号通道到最大序号通道;然而,也可以根据程序设置,从最大序号通道到最小序号通道进行转换。A/D 转换完成后,转换得到的数值将按照顺序装载到对应通道的数据寄存器中。所有使能的 A/D 通道采样结束后,ADST 位将由硬件自动清零,ADC 进入空闲状态。

在连续扫描模式下,A/D 转换将连续执行单周期扫描模式,直到软件停止 A/D 转换。若想修改转换通道,不必停止转换,可通过设置通道选择寄存器 ADC_ADCHS 的 CHENx 位选择需要使能的新通道,下一个扫描周期将开始进行新的通道转换,在指定通道完成一次 A/D 转换后进入空闲模式。

在连续扫描模式下,A/D 转换将连续执行单周期扫描模式,直到软件停止 A/D 转换。可通过软件/外部触发置位 ADC_ADCR 寄存器的 ADST 位来启动 A/D 转换。外部触发还可通过软件进行设置,以触发延时。A/D 转换方向为从 CHANY_SEL0 到 CHANY_SELx，用软件设置寄存器 ADC_ANY_CFG、寄存器 ADC_CHANY0 和寄存器 ADC_CHANY1 需要转换的通道、数量，然后置位 CHANY_MDEN，以启动通道转换。

若软件在 A/D 转换过程中更新了寄存器 ADC_ANY_CFG、寄存器 ADC_CHANY0 和寄存器 ADC_CHANY1，则硬件不会立即应用更新的这些配置，而是会在当前设置的通道都结束转换后，即在下一个扫描周期开始时应用这些更新的设备进行新的通道转换。

每路 A/D 转换完成时，A/D 转换的数据值将有序装载到相应通道的数据寄存器中。只要 ADST 位保持为 1，就会持续进行 A/D 转换；当 ADST 位被清零时，A/D 转换完成后 A/D 转换器进入空闲状态。

3. ADC 初始化层、数据处理与中断响应层设计

远方调节控制 ADC 初始化子程序流程如图 4-25 所示。

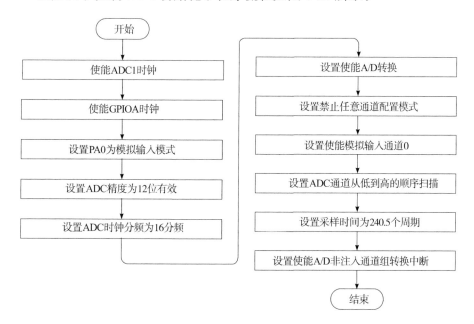

图 4-25　远方调节控制 ADC 初始化子程序流程

ADC12-IN0 非注入通道组转换中断服务子程序流程如图 4-26 所示。首先，读状态寄存器 ADC_ADSTA 以获取当前 ADC 传输状态。若 ADIF 位被置 1，说明 A/D 转换完成。此时，读数据寄存器 ADC_ADDATA 的 DATA 位以获取转换结果,将结果存储在 conv_val 变量中,向 ADIF 位写 1,以清除中断标志。

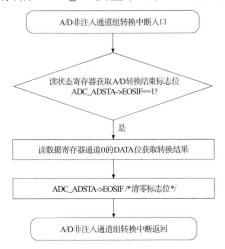

图 4-26　ADC12-IN0 非注入通道组转换中断服务子程序流程

4.6　自诊断信号输出软件设计

4.6.1　开关量报警输出软件子程序设计

在 MM32F5287K7PV 微控制器中,PA3～PA8 作为开关量报警输出驱动,软件需配置 PA3～PA8 为推挽低速输出模式,并确保已启动相应的时钟功能。

根据智能型阀门电动装置功能要求,电源断电、电源缺相、电动机过热、比例控制信号丢失、远方打开和远方关闭信号同时存在、执行器正在进行工作参数设定、执行器内部故障、执行器过度(此项可组态,默认有效)、操作模式不在远方(此项可组态,默认无效)时,都将使综合报警输出继电器 OUT6 常开触点端闭合。在软件中需要进行故障自诊断,当出现上述故障时,相关故障标志位将置"1",开关量报警输出软件子程序会检查所有故障标志位。若结果还为"1",则 PA8 引脚输出高电平至 AM-OUT6,继电器 OUT6 常开触点端闭合,从而触发报警。

软件设置 5 个 8 位全局变量(switch-status1 至 switch-status5),用于存储输出干触点 OUT1 至 OUT5 开关输出的组态参数。其中:低 4 位按数字顺序分别代表关到位、开到位、关过度、开过度、过度、正在关、正在开、正在运行、中间位置、远方位置、现场位置等 11 个状态项；第 5 位为"0"时，其开关闭合（默认）；第 5 位为"1"时，其开关断开。软件子程序读取开关输出组态参数，检测相应状态项是否为"1"。若为"1"，则对应继电器触点闭合或断开。

4.6.2 阀位隔离输出软件子程序设计

微控制器 MM32F5287K7PV 配置 TIM3 为 16 位通用定时器 PWM 输出模式。在 PWM 模式下，根据 TIM3_ARR 寄存器和 TIM3_CCR1 寄存器的值产生一个频率、占空比可控的 PWM 波形，实现阀位反馈 4～20 mA 隔离输出。PWM 隔离输出初始化子程序流程如图 4-27 所示。

图 4-27　PWM 隔离输出初始化子程序流程

配置与通道 1 对应的 TIM3_CCMR1 寄存器，令 OC1M＝110，选择通道 1 进入 PWM 模式 1。PWM 模式下，计数器和 CCR1 会一直进行比较。根据配置和比较结果,通道1会输出不同的信号。因此,TIM3可以产生4个同频率下独立占空比的PWM输出信号。PWM模式下可开启TIM3_CCR1和TIM3_ARR的预装载功能,只有写入预装载寄存器TIM3_CCR1和TIM3_ARR的值更新时,才会载入相应的影子寄存器。PWM模式下,首先,使能计数器前需设置TIM3_EGR,令UG=1,以更新事件,初始化所有的寄存器。其次,配置TIM3_CCER寄存器的CC1P位,选择OC1的有效极性;配置TIM3_CCER寄存器的CC1E位,控制OC1的输出使能。接着,配置TIM3_CR1寄存器,令CMS=00,以选择边沿对齐模式;令DIR=0,以选择递增计数模式。通过以上配置,可以产生边沿对齐的占空比为0~100%的PWM信号。

4.7 自校准技术软件设计

4.7.1 软件独立看门狗应用设计

1. IWDG的简介

独立看门狗(independent watch dog,IWDG)的设计初衷是检测和解决由软件错误所引起的故障。它的原理可简述为,当IWDG计数器不断递减到给定数值时,会产生一个系统复位信号使系统复位,从而提高系统整体安全性。IWDG适用于那些对时间精度要求不高,并且需要看门狗完全独立于主程序工作的场合。IWDG是由低速内部时钟(low speed internal clock,LSI)驱动的。LSI可在停机模式和待机模式下继续工作,主时钟发生故障时仍可以正常工作。

MM32F5287K7PV微控制器中内置两个看门设备(独立看门狗和窗口看门狗),具有更高的安全性、时间精确性和使用灵活性。两个看门设备可用来检测和解决由软件错误引起的故障。当计数器达到给定的超时时间时,可触发一个中断(仅适用于窗口看门狗)或产生系统复位。

2. IWDG的主要性能

芯片默认为软件看门狗模式,通过闪存烧写复位选项字节寄存器中的WDG_SW位可以启动硬件看门狗。硬件看门狗在系统复位上电后可自动启动,同时内部计数器开始递减。看门狗内部是一个自由运行的12位递减计数器,计数到达 0x0000 时可产生一个复位信号或者中断信号。

3. IWDG 的功能描述

在键值寄存器 IWDG_KR 中写入 0xccccc,开启独立看门狗。此时,计数器开始从其复位值 0xfff 递减,递减到 0x000 时会产生一个系统复位信号,或者递减到 IWDG_IGEN 寄存器的值后产生中断,具体为哪种结果取决于 IRQ_SEL 的配置。任何时候向 IWDG_KR 寄存器写入 0xaaaa,都会把重载寄存器 IWDG_RLR 中的值重新加载到计数器中,从而避免复位信号或中断信号的产生。如果程序异常,无法正常"喂狗",系统就会产生复位信号或中断信号,触发系统复位或系统中断。

IWDG_PR 寄存器、IWDG_RLR 寄存器和 IWDG_IGEN 寄存器具有访问保护功能,只有在键值寄存器 IWDG_KR 写入 0x5555 时,才可以修改它们的值。当以其他值写入寄存器时,会打乱操作顺序,使寄存器处于保护状态,即使进行重载操作,也不可访问。

IWDG 的时钟由 LSI 提供,因此,即使在停止和待机模式下,IWDG 也可以在低功耗模式下正常计数,它的复位能够使系统退出 Standby 模式。在低功耗模式下,可以通过配置 RCC 寄存器,选择进入 Stop 模式后是否关闭 LSI 时钟,从而关闭软件看门狗。

4. 看门狗的超时时间

看门狗的超时时间如表 4-3 所列。

表 4-3 看门狗超时时间(40 kHz 的 LSI)

预分频系数	PR[2:0]位	最短时间 RL[11:0]=0x000	最长时间 RL[11:0]=0xfff
4	0	0.1	409.6
8	1	0.2	819.2
16	2	0.4	1638.4
32	3	0.8	3276.8
64	4	1.6	6553.6
128	5	3.2	13107.2
256	(6 或 7)	6.4	26214.4

超出(溢出)时间为

$$T_{\text{out}} = \frac{4 \times 2^{PR} \times RLR}{40} \tag{4-2}$$

式中：PR 为看门狗预分频系数；RLR 为看门狗重装载值。LSI 时钟频率为 40 kHz。最短超时时间为一个看门狗时钟周期，最长超时时间为 IWDG_RLR 寄存器最大值×看门狗时钟周期。

5. 软件流程

看门狗初始化和启动配置流程如图 4-28 所示。独立看门狗初始化和启动配置流程包括启动低速内部时钟、设置时钟预分频、设置重载寄存器值和装载并使能计数器等。只有在检查重载标志状态和预分频位状态为 RESET 后，才可改变预分频值。主程序在看门狗超时时间内执行"喂狗"操作，可检测并解决由软件错误引起的故障，实现自动复位，使程序恢复正常运行状态。

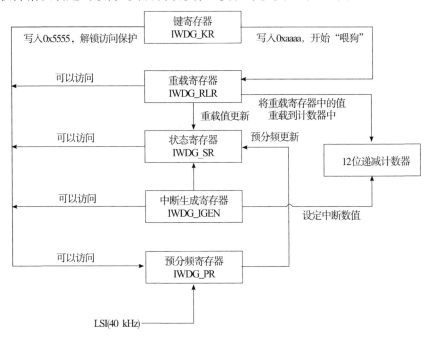

图 4-28 看门狗初始化和启动配置流程

4.7.2 I²C 驱动 EEPROM 软件设计

1. I²C 协议

本设计中，EEPROM 采用单片 AT24C256，其器件地址线 A0、A1、A2 均接地，器件地址的高 5 位固定为 10100，故器件的地址为 0xa0。两线制串行接口 SDL、SDA 外接上拉电阻，SDL 与微控制器的 PA9/I²C1-SCL 相连，SDA 与微控制器的 PA10/I²C1-SDA 相连，通讯方式为 I²C 协议。

微控制器 MM32F5287K7PV 内含 I²C 集成电路接口，通过 I²C 总线接口实现芯片间的串行互联。所有 I²C 总线的特定序列、协议仲裁和时序都可以通过 I²C 提供的多主功能来控制。

I²C 总线是一种两线制串行接口，SDA 和 SCL 在连接到总线的器件间传递信息。每个器件都可通过一个唯一的地址进行识别，且都可作为发送器或接收器。此外，器件在执行数据传输时也可以被视为主器件或从器件，主器件是在总线上发起数据传输，并产生允许该传输的时钟信号的器件。此时，任何被寻址的器件都会被视为从器件。

I²C 有三种速率模式可供选择，分别为标准模式（数据传输速率最大为 100 kbit/s）、快速模式（数据传输速率最大为 400 kbit/s）和超快速模式（数据传输速率最大为 1 Mbit/s）。

(1) 起始和停止条件。总线处于空闲状态时，SCL 和 SDA 同时被外部上拉电阻拉为高电平。主器件启动数据传输时，必须先产生起始条件。SCL 线为高电平时，SDA 线从高电平向低电平切换为起始条件。主器件结束传输时，要发送停止条件。SCL 线为高电平时，SDA 线由低电平向高电平切换为停止条件。图 4-29 显示了起始条件和停止条件的时序。数据传输过程中，当 SCL 为 1 时，SDA 必须保持稳定。

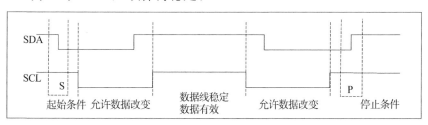

图 4-29　起始和停止条件的时序

(2) 寻址协议。I²C 地址格式采用 7 位地址格式，如图 4-30 所示。起始条件 S 后发送的第一个字节的前七位(b7:1)为从地址，最低位(b0)为数据方向位。b0 为 0 表示主器件写数据到从器件；b0 为 1 表示主器件从从器件读数据。

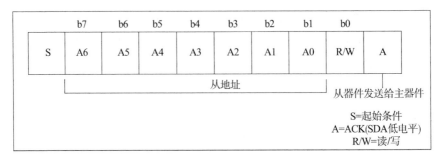

图 4-30　7 位地址格式

(3)发送和接收协议。主器件可以发起数据传输,作为主发送器或主接收器向总线发送数据或从总线接收数据。从器件会响应主器件的请求,充当从发送器或从接收器。所有数据都以字节格式传输,且对每次传输的字节数没有限制。主器件发送地址和读写位 R/W 或一个字节的数据到从器件后,从接收器必须产生一个肯定应答(acknowledgement,ACK)。若从器件不能产生 ACK,主器件将会产生一个停止条件以中止传输。当从器件无法响应时,必须释放 SDA 为高电平,以便主器件产生停止条件。如图 4-31 所示,当主器件发送数据时,从接收器会在接收到每个字节后都产生一个 ACK,以响应主发送器。

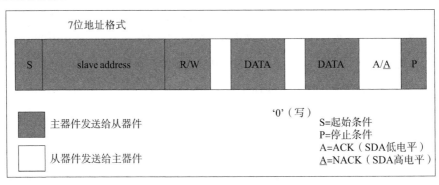

图 4-31　主发送协议

(4)工作模式。I^2C 接口可以选择从发送模式、从接收模式、主发送模式或主接收模式。本设计采用主发送模式,初始化配置如下。

①将 I^2C_ENR 寄存器的 ENALE 位(位 0)写为 0,以禁用 I^2C 功能。

②通过设置 I^2C_CR 寄存器中的 SPEED 位(位 2 和位 1),指定 I^2C 以标准速率模式工作;同时确保 I^2C_CR 寄存器中的 DISSLAVE 位(位 6)和

MASTER 位(位 0)都被设置为 1。

③将要寻址的 I²C 设备地址写入 I²C_TAR 寄存器(此寄存器还可以配置为广播调用地址或起始字节命令)。

④将 I²C_ENR 寄存器的 ENALE 位(位 0)置位,以使能 I²C 接口模块。

⑤将传输方向和数据写入 I²C_DR 寄存器,I²C 接口将生成起始条件并发送地址字节。

如果在使能 I²C 接口前配置 I²C_DR 寄存器,数据和命令可能都会丢失,因为在 I²C 接口禁用状态下,数据缓冲区会被清空。

I²C 接口支持读写的动态切换。发送数据时,应将数据写入 I²C_DR 寄存器的低字节,并配置 I²C_DR 寄存器的 CMD 位(位 8)为 0 以产生写操作。随后的读命令无需配置 I²C_DR 寄存器的低字节,只需要配置 I²C_DR 寄存器的 CMD 位(位 8)为 1 即可。若 TX FIFO 为空,I²C 模块将拉低 SCL,直到下一个命令被写入 TX FIFO。

2. 程序流程图

I²C 接口作为主器件时的程序流程如图 4-32 所示。

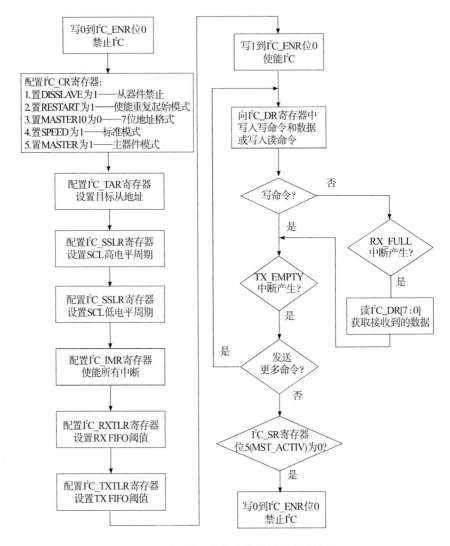

图 4-32　I^2C 接口作为主器件时的程序流程

4.7.3　模拟量输入输出自校准软件设计

智能型阀门电动装置 4～20 mA DC 模拟量输入和输出信号的零点及量程的需进行校准。本设计采用串行 EEPROM，通过软件实现模拟量输入和输出无电位器的零点及量程校准。

1. 模拟量输出零点及量程校准

模拟量输出零点及量程校准的本质是，当输出为 4 mA 及 20 mA 时，可以得到对应输出的数值,并将其存储在 EEPROM 中,以便在运行中读取并实时计算输出值。该数值是输出的电流信号经由 PWM 调制隔离,并经 V/I 转换得到的。由于存在基准电压误差和运算放大器的运算误差(如运算放大器零点偏差、电阻误差带来的运算误差)等,该零点及量程对应数值将存在一定的数字偏差,可通过红外线遥控上升键和下降键微调校准。可将 250 Ω 电阻连接在阀门电装反馈电流的输出端,并用 3 位半数字万用表电压挡监视。当仪表进入模拟量输出零点校验状态时(红外线遥控组态项),数字万用表输出显示应为 1.000 V 左右。若存在误差,可通过红外线遥控上升键或下降键进行调整,直至输出 1.000 V 对应的十六进制码值(2 字节)被存储在 EEPROM 中。当仪表进入输出量程校验状态时,数字万用表输出显示应为 5.000 V 左右,校准方法同上。

2. 模拟量输入零点及量程校准

模拟量输入零点及量程校准的本质是,当输入为 4 mA 及 20 mA 时,可以得到单片机对应输入的数值,并将其存储在 EEPROM 中,以便在运行中读取并实时计算输入的数值。该数值是输入的电流信号经由隔离输入信号调制,并经 A/D 转换得到的。对于不同的智能型阀门电动装置仪表,由于存在基准电压误差、运算放大器的运算误差(如运算放大器零点偏差、电阻误差带来的运算误差)、A/D 转换误差等,该零点及量程对应数值会存在一定的数字偏差,可通过红外线遥控上升键和下降键微调校准。可将 250 Ω 电阻连接在仪表电流输入端,并用 3 位半数字万用表电压挡监视。当仪表进入模拟量输入零点校验状态时,可调整 4～20 mA 信号发生器,使其输入为 1.000 V DC,按一下"A/M"键,将测量值零点 1.000 V 对应的十六进制码值(2 字节)存储在 EEPROM 中。当仪表进入输入量程校验状态时,数字万用表输出显示应为 5.000 V 左右,校准方法同上。

3. 模拟量输入线性调节阀门开度实施策略

模拟量变量 $IN_{4\,mA}$、$IN_{20\,mA}$ 分别为输入 4 mA、20 mA 时对应的 EEPROM 校准码值。其中,$IN_{4\,mA}$ 的线性阀门开度为 0,$IN_{20\,mA}$ 的线性阀门开度为 100%,按式(4-3)计算可得到放大系数 k_1,计算结果存储在 X25045 的 EEPROM 中。

$$k_1 = \frac{V_Z}{IN_Z - IN_{4\,mA}} = \frac{100}{IN_{20\,mA} - IN_{4\,mA}} \tag{4-3}$$

式中:变量 IN_Z 为输入 4~20 mA 模拟电流经 A/D 转换得到的实测值,V_Z 为线性阀门开度,$IN_{4\,mA}$ 为输入模拟信号下限值 4 mA 至微控制器 12 位模数转换对应的校准码值,$IN_{20\,mA}$ 为输入模拟信号上限值 20 mA 至微控制器 12 位模数转换对应的校准码值。式(4-3)可转换为式(4-4)表示形式

$$V_Z = k_1 \times IN_Z + k_1 \times IN_{4\,mA} \tag{4-4}$$

又因为控制器 A/D 转换分辨率为 12 位,所以输入采样分辨率可精确到 5 μV,阀门开度可以精确到 0.1%。

4. 阀门开度模拟量隔离反馈输出实施策略

模拟量变量 $OUT_{4\,mA}$、$OUT_{20\,mA}$ 分别为输出 4 mA、20 mA 时对应的 EEPROM 校准码值(PWM 信号输出占空比)。其中,$OUT_{4\,mA}$ 为线性阀门开度为 0 时 PWM 信号输出占空比,OUT_{20mA} 为阀门开度为 100% 时 PWM 信号输出占空比,按式(4-5)计算可得到放大系数 k_2,计算结果存储在 X25045 的 EEPROM 中。

$$k_2 = \frac{OUT_Z - OUT_{4\,mA}}{V_K} = \frac{OUT_{20\,mA} - OUT_{4\,mA}}{100} \tag{4-5}$$

式中:V_K 为阀门开度实测值,变量 OUT_Z 为当前阀门开度下输出电流实际值,即对应 PWM 信号输出占空比。式(4-5)可转换为式(4-6)。

$$OUT_Z = k_2 \times V_K + OUT_{4\,mA} \tag{4-6}$$

4.8 现场总线通信软件设计

4.8.1 MODBUS 现场总线通信软件设计

为了在自动化系统之间、自动化系统和所连接的分散的现场设备之间进行信息交换,串行现场总线成为主要的通信系统。成千上万的应用已经证明,通过使用现场总线技术,可以节省 40% 接线、调试及维护费用。

现场总线技术仅仅使用两根电线就可以传送现场设备的所有相关信息。过去使用的现场总线往往是制造商的特定现场总线,同其他现场总线不兼

容。如今使用的现场总线几乎是完全公开和标准化的,这意味着用户可以以最合理的价格选择最好的产品,而不用依赖每个独立的制造商。

1. MODBUS 协议

作为一种很容易实现的现场总线协议,MODBUS 在全世界范围内取得了成功,其应用领域包括生产过程中的自动化、过程控制和楼宇自控。带现场的总线接口已成为智能电动执行机构必不可少的组成部分。有了 MODBUS 协议,不同厂商的控制设备可以连成工业网络,实现集中监控。MODBUS 协议在智能电动执行机构上的软件设计需注重以下几个方面。

(1)在 MODBUS 网络上传输。智能控制器通信采用主-从技术,即由一个主设备初始化传输(即查询),其他设备(即从设备)根据主设备查询提供的数据作出相应的反馈。典型的主设备为主机和可编程仪表,典型的从设备为可编程控制器。主设备可以和从设备进行单独通信,也可以以广播的形式和所有从设备通信。如果要单独通信,则以从设备返回消息作为回应;如果是以广播方式通信,则无须作出任何回应。

主从设备查询回应周期如图 4-33 所示。MODBUS 协议规定了主设备查询的格式,包括设备(或广播)地址、功能代码、所有要发送的数据和错误检测域。从设备回应消息也由 MODBUS 协议构成,包括确认要行动的域、任何要返回的数据和错误检测域。如果在消息接收过程中发生错误,或从设备无法执行其命令,则从设备将会生成一个错误消息,把它作为回应发送出去。

(2)传输模式。在设计传输模式的时候,考虑到数据传输量的要求,将控制器的传输模式定为 RTU。MODBUS-RTU 是一种国际的、开放的现场总线标准。在同样的波特率下,这种传输模式可比 ASCII 方式传送更多的数据。

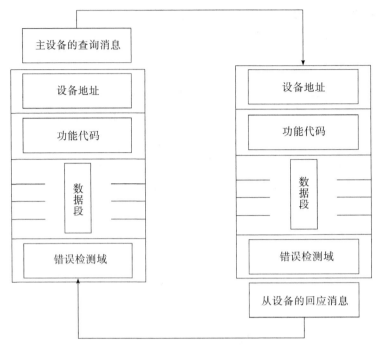

图 4-33　主-从查询回应周期

采用 MODBUS-RTU 传输模式的格式如图 4-34 所示。

| 地址 | 功能代码 | 数据数量 | 数据 1 | …… | 数据 n | CRC 高字节 | CRC 低字节 |

图 4-34　RTU 格式

当控制器设为在 MODBUS 网络上以 RTU 模式通信时,消息中的每 8 位字节会包含 2 个 4 位的十六进制字符,每个字节由 1 个起始位、8 个数据位(最小的有效位先发送)、1 个奇偶校验位(无校验则没有)、1 个停止位(有校验时)/2 个停止位(无校验时)、错误检测域和 CRC(循环冗长检测)组成。

(3)MODBUS 消息帧。在使用 RTU 模式时,至少要保持 3.5 个字符时间的停顿来间隔发送消息。传输的第一个域是设备地址,可以使用的传输字符是十六进制的 0 至 9 和 a 至 f。网络设备可不断侦测到包括停顿间隔时间的网络总线。当接收到第一个域(地址域)时,每个设备都要进行解码以判断该域是否是发给自己的。在最后一个传输字符之后,至少使用一个 3.5 个字符时间的停顿标定消息的结束。一个新的消息可在此停顿后开始。整个消息帧必须作为一个连续的数据流来传输。如果在消息帧传输完成之前有超过 1.5 个字符时间的停顿时间,接收设备将丢弃不完整的消息并将随后接收的字节视为一条新消息的地址域。同样,如果一个新消息在小于 3.5 个字符时间内接着前一消息开始传输,接收的设备会将其视为前一消息的延续,导致错误。

(4)地址域。消息帧的地址域包含 2 个字符(使用 ASCII 模式)或 8 位(使用 RTU 模式),可能的从设备地址范围为 0 至 247(十进制),单个设备的地址范围为 1 至 247。主设备通过在消息的地址域中放入要联络的从设备的地址来选通该从设备。当从设备发送回应时,它会将自己的地址放入回应消息的地址域中,以便主设备识别是哪一个设备作出了回应。此外,地址 0 被用作广播地址,使得所有设备都能接收到消息。

(5)处理功能域。消息帧中的处理功能代码域包含 2 个字符(使用 ASCII 模式)或 8 位(使用 RTU 模式),可能的代码范围为十进制的 1 至 255。当主设备向从设备发消息时,功能代码域将指导从设备执行。当从设备回应时,将使用功能代码域来指示能否正常回应。对于正常回应,从设备仅回应相应的功能代码;对于异议回应,从设备将返回一个与正常代码等效的代码,但应保证最重要的位置为逻辑 1。例如,有一主设备向从设备发消息,要求读一组保持寄存器,将产生以下功能代码:

00000111(十六进制 07H)

对正常回应,从设备仅回应同样的功能代码,对异议回应,它将返回:

10000111(十六进制 87H)

除功能代码因异议错误作了修改外,从设备还会将一个独特的代码放到回应消息的数据域中,告知主设备发生了什么样的错误。主设备应用程序得到异议的回应后,典型的处理方法是重发消息或者诊断发给从设备的消息并报告给操作员。

(6)数据域。两个十六进制数集合组成数据域,数据域的范围是 00 至 ff。主设备发给从设备的消息的数据域包含附加信息:从设备必须用于执行由功能代码定义的操作。这涉及不连续的寄存器地址,要处理项的数量以及域中实际数据字节数。例如,如果主设备需要从从设备中读取一组保持寄存器,数据域应指定起始寄存器地址以及要读的寄存器数量;如果主设备需要向从设备的一组寄存器中写入数据,数据域则应指明要写的起始寄存器地址以及数量、数据域的数据字节数和内容。如果没有错误发生,从设备返回的数据域包含请求的数据;如果有错误发生,则此域包含一组异议代码,主设备应用程序可以根据其内容来决定下一步行动。在某种消息中,数据域可以是不存在的,如主设备要求从设备回应通信事件记录,在此过程中,从设备不需附加任何额外信息。

(7)错误检测域。标准的 MODBUS 网络有两种错误检测方法,错误检测域的内容视所选的检测方法而定。当选用 RTU 模式作字符帧时,错误检测域包含一个 16 位的值(用两个 8 位的字符来实现)。错误检测域的内容是通过对消息内容进行循环冗长检测得出的。CRC 域附加在消息的最后,添加时应先高字节后低字节,故 CRC 的低字节是发送消息的最后一个字节。

(8)字符的连续传输。当消息在标准的 MODBUS 系列网络中传输时,每个字符或字节以自最低有效位至最高有效位(从左到右)的方式发送。使用 RTU 字符帧时,有奇偶校验的位序列如图 4-35 所示,无奇偶校验的位序列如图 4-36 所示。

| 起始位 | 1 | 2 | 3 | 4 | 5 | 6 | 7 | 8 | 奇偶校验位 | 停止位 |

图 4-35 有奇偶校验的位序列

| 起始位 | 1 | 2 | 3 | 4 | 5 | 6 | 7 | 8 | 停止位 | 停止位 |

图 4-36 无奇偶校验的位序列

(9)错误检测方法。标准的 MODBUS 串行网络采用奇偶校验和帧检测两种错误检测方法。奇偶校验对每个字符都可用,帧检测则应用于整个消息。

①奇偶校验。用户可以配置控制器是奇校检、偶校验或无校验。这决定了每个字符中的奇偶校验位的设置。如果指定了奇偶校验,"1"的位数将被算到每个字符的位数中(使用 ASCII 模式时为 7 个数据位,使用 RTU 模式时为 8 个数据位)。例如,RTU 字符帧中包含 8 个数据位——00110101,其中"1"的总数为 4 个。如果使用了偶校验,帧的奇偶校验位将是 0,"1"的总数为 4 个,保持不变;如果使用了奇校验,帧的奇偶校验位将是 1,使得"1"的总数变为奇数,即 5 个;如果没有指定奇偶校验位,传输时就没有校验位,也不进行校验检测,同时,会使用 1 个额外的停止位来替代奇偶校验位,填充到要传输的字符中。

②帧检测的纵向冗余检测(longitudinal redundancy check,LRC)。LRC 是一种用于数据传输过程中检测和纠正错误的技术,其校验码是一种附在数

据位之后的校验位,通过结合数据位和校验位检测数据传输过程中的错误,从而保证数据的正确性。LRC 是一种基于二进制多项式除法的错误检测方法:在发送端,数据位和校验位被组合成一个二进制多项式。在接收端,使用相同的多项式去除接收到的数据。如果余数为 0,则表示数据传输正确;否则表示存在错误。

③帧检测的循环冗余检验(CRC)。使用 RTU 模式时,消息中包括一个基于 CRC 方法的错误检测域,CRC 域检测了整个消息的内容。CRC 域为两个字节,其中包含一个 16 位的二进制值,经传输设备计算后加入消息中,接收设备要重新计算收到消息的 CRC 值,并与接收到的 CRC 域中的值比较,如果两值不同,则有误。CRC 的具体流程是,先调用一个数据为全"1"的 16 位寄存器,然后在调用过程中对消息中连续的 8 位字节和当前寄存器中的值进行处理。每个字符中仅有 8 位数据对 CRC 有效,起始位和停止位以及奇偶校验位均无效。CRC 产生过程中,每个 8 位字符都单独和寄存器内容相或(OR),相或的结果向最低有效位方向移动,最高有效位以 0 填充,最低有效位(least significant bit,LSB)将被提取出来检测。如果 LSB 为 1,寄存器单独和预置的数值相或;如果 LSB 为 0,则不进行相或。整个过程要重复 8 次,在最后一位(第 8 位)完成后,下一个 8 位字节又单独和寄存器的当前值相或。最终,寄存器中的值是消息中所有的字节都执行之后的 CRC 值。CRC 值添加到消息中时,应先加入低字节,然后加入高字节。

2. MM32F5287K7PV UART 通用异步收发器

(1)UART 特征。UART 的字长可以通过编程 UART_CCR 寄存器中的 CHAR 位设置,范围为 5~8 位。在起始位期间,引脚 TX 处于低电平;在停止位期间,引脚 TX 处于高电平。空闲符号被定义为完全由"1"组成的完整数据帧,后面紧跟着下一帧的开始位("1"的位数也包括停止位的位数)。断开符号被定义为在数据帧周期内接收器持续检测到"0"信号,包括停止位期间。在断开状态结束时,发送器会插入 1 或 2 个停止位("1")来应答起始位,从而开始创建新的数据帧。发送和接收由一个共用的波特率发生器驱动。当发送器和接收器的使能位分别置位时,该发生器分别为其产生时钟。UART 时序数据传输时序如图 4-37 所示。

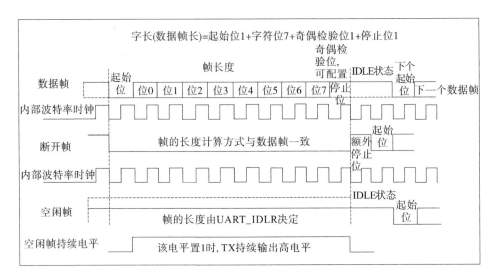

图 4-37　UART 时序数据传输时序

(2) 分数波特率发生器。波特率表示数据传输的速率。波特率发生器产生时钟,经发送器和接收器的使能位置位控制后,供给发送或接收使用。对于大多数串行通信,需要将发送和接收设备的波特率设置为相同的值。若波特率不同,则发送与接收数据的时序可能受到影响。通过设置 UART 波特率寄存器(baud rate register,BRR)和文件寄存器(file register A,FRA),可设置相应波特率。波特率的计算公式可表示为式(4-7)、式(4-8)、式(4-9)的形式,其中 BRR 存放 UART 分配器除法因子(UARTDIV)的整数部分,FRA 存放 UARTDIV 的小数部分。例如,若系统时钟为 48 MHz,配置波特率为 9600 bit/s[①](每秒传输 9600 bit 的数据),则将(48000000/9600)/16 结果的整数部分赋值到 BRR 寄存器中,(48000000/9600)％16 的结果赋值到 FRA 寄存器中。

$$f_{\text{baudrate}} = \frac{f_{\text{PCLK}}}{16 \times UARTDIV} \tag{4-7}$$

$$UARTDIV = BRR + \frac{FRA}{16} \tag{4-8}$$

$$f_{\text{baudrate}} = \frac{f_{\text{PCLK}}}{16BRR + FRA} \tag{4-9}$$

---

① 本书中使用的 MODBUS-RTU 模式中,波特率＝比特率,即 1 Baud＝1 bit/s。

式中：f_{baudrate} 为波特率，bit/s；f_{PCLK} 为系统时钟频率，MHz；$UARTDIV$ 为单位时间内传送的码元符号的个数。

注：接收器和发送器的波特率在 BRR 的整数寄存器和 FRA 的小数寄存器中的值应设置成相同的值。

(3) 串口设置流程。串口设置流程如图 4-38 所示。

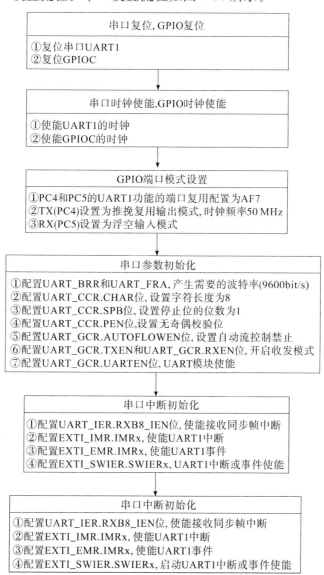

图 4-38　串口设置流程

(4)CRC 校验。CRC 校验可以采用软件 CRC 或硬件 CRC 实现。软件 CRC 相比于硬件 CRC 在执行速度上要慢 5 倍,且代码量以及占用 SRAM 的空间也比硬件 CRC 要多,所以,在 MCU 带有硬件 CRC 功能时,采用硬件 CRC 的计算方式可以大大节省 MCU 的资源,提升 CRC 的运算速度。

MM32F5287K7PV 系列 MCU 中带有一个硬件 CRC 计算单元,采用一个固定的多项式发生器来计算 8 位、16 位或 32 位数据的 CRC 校验值,从而实现对数据传输或数据存储的一致性、完整性验证。硬件 CRC 计算流程如图 4-39 所示。

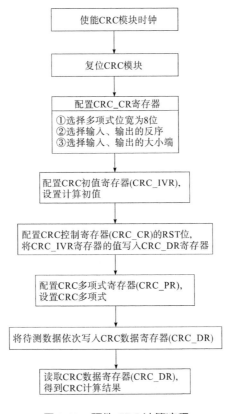

图 4-39　硬件 CRC 计算流程

4.8.2　CAN 现场总线通信软件设计

微控制器 MM32F5287K7PV 内置 FlexCAN 控制器局域网模块,该模块是符合 ISO 11898-1 和 CAN 2.0B 规范的通信控制器,支持 CAN 总线协议。

FlexCAN 模块框图如图 4-40 所示。FlexCAN 模块包括 CAN 收发器(CAN transceiver)、协议引擎(protocol engine,PE)、控制器主机接口(controller host interface,CHI)、总线接口单元(bus interface unit,BIU)、多个支持独立收发功能的邮件缓冲区(mailbox,MB)、接收全局掩码的寄存器、接收私有掩码的寄存器、接收 RX 先进先出(first in first out,FIFO)的过滤器以及接收 FIFO 标识符过滤器的内存。其中:PE 的子模块负责管理 CAN 总线上的串行通信,请求存取 RAM 接收和传输帧,验收接收到的报文,并执行错误处理;CHI 的子模块负责选择接收和传输的报文缓冲区,执行报文的仲裁以及 ID 匹配算法;BIU 的子模块负责控制内部接口总线的访问,并建立与 CPU 和其他模块的连接,时钟、地址、数据总线、中断输出以及 DMA 都要通过 BIU 进行访问。

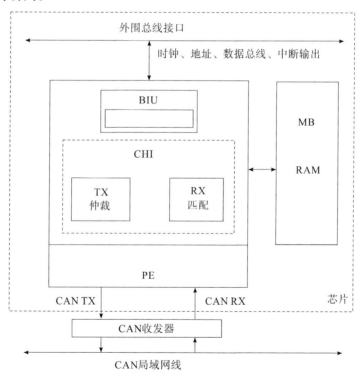

图 4-40 FlexCAN 模块框图

MM32F5287K7PV 的 FlexCAN 模块支持标准帧和扩展帧两种帧格式,支持数据帧和远程请求帧两种帧类型,其中,数据帧的最大有效数据长度可达8位。FlexCAN模块支持高达1 Mbit/s的可编程比特率，支持对前16个信息缓冲区的中断功能，支持局部和全局的接收帧过滤机制，支持可选择的FIFO接收功能。

FlexCAN模块有四种工作模式，分别为正常模式、冻结模式、回环模式和只听模式。正常模式下，FlexCAN模块既可发送帧，也可接收帧；冻结模式下，收发帧停止，与CAN总线的同步丢失；回环模式下，FlexCAN的传输帧不会通过其收发引脚发送到CAN总线，所以通常用于测试单块芯片的FlexCAN模块是否工作正常；只听模式下，FlexCAN模块将只接收总线上的帧，而不能发送帧，并且也无法发送接收应答，该模式仅用于需要接收数据的模块。

1. CAN协议

（1）远程帧。CPU可以通过将邮箱传输时的RTR位设置为"1"来编程邮箱为远程帧，远程帧成功传输后，邮箱会变为具有相同ID的接收报文缓冲区，FlexCAN会接收结果应答帧并将其传输到远程帧相同的报文缓冲区中。由于应答帧的RTR=0，而远程帧的RTR=1，在比较传入的应答帧时，对该报文缓冲区的过滤要排除RTR位，因此，需确保以下位中至少有1个为0。

①各掩码寄存器的RTR位。可以是私有掩码寄存器RXIMRn的[31]位或全局掩码寄存器RXMGMASK的[31]位，具体取决于CAN_MCR寄存器的IRMQ位。当CAN_MCR寄存器的IRMQ=1时，XIMRn的[31]位将禁用报文缓冲区n的RTR比较；当CAN_MCR寄存器的IRMQ=0时，RXMGMASK寄存器的[31]位将禁用所有报文缓冲区的RTR比较。

②CAN_CTRL2寄存器的EACEN位。当CAN_CTRL2寄存器的EACEN=0时，可全局禁用对传入帧的RTR位的比较，忽略报文缓冲区的RTR掩码位。

当FlexCAN接收到远程帧时，根据远程请求存储位CAN_CTRL2.RRS和RX FIFO使能位CAN_MCR.RFEN的配置，可采取以下三种方式进行处理。

①如果RRS为0，则对帧的ID与代码字段为0b1010的传输报文缓冲区的ID进行比较。如果有匹配的ID，则该邮箱被用于传输。

注：如果匹配邮箱的RTR位被置位，则由FlexCAN传输远程帧进行响应。接收到的远程帧不会存入接收缓冲区，仅用于触发应答帧的传输。掩码

第 4 章 部分回转智能型阀门电动装置软件设计

寄存器不参与远程帧的匹配,在匹配远程帧时,接收到的帧的所有 ID 位都必须与邮箱中设置的 ID 位相匹配。如果接收到的远程帧匹配了一个邮箱,报文缓冲区会立即进入内部仲裁过程,但会被认为是一个没有高优先级的普通 TX 邮箱。远程帧的数据长度与启动传输的远程帧的 DLC 字段无关,它由邮箱中设置的 DLC 字段决定。

②如果 RRS 被置位,则帧的 ID 将与接收邮箱的 ID(ID 字段为 0b0100、0b0010 或 0b0110)进行比较。如果有匹配的 ID,则该邮箱以与数据帧相同的方式存储远程帧。系统不会自动产生远程响应帧,匹配过程将使用掩码寄存器。

③如果 RFEN 被置位,则 FlexCAN 不会自动响应与 RX FIFO 过滤条件匹配的远程帧。如果远程帧匹配目标 ID 中的任何一个,则会被存储于 RX FIFO 中并提交给 CPU。

注:对于过滤格式 A 和 B,可以选择是否接收远程帧;对于格式 C,只要 ID 匹配,就接收远程帧。远程帧被认为是普通帧,在接收成功且 RX FIFO 已满时,会产生 RX FIFO 溢出。

(2)过载帧。FlexCAN 在 CAN 总线上检测到以下信号时会传输过载帧。

①在 Intermission 的第 1 位或第 2 位检测到一个显性位时。

②在 RX 帧结束字段的第 7 位(最后一位)检测到一个显性位时。

③在错误帧界定符或过载帧界定符的第 8 位(最后一位)检测到一个显性位时。

(3)时间戳。自由运行计时器记录 CAN 总线上 ID 段起始时的采样值,并在报文结束时将该值存入报文缓冲区的时间戳字段,为网络行为提供一个时间参考。自由运行计时器通过 FlexCAN 的位时钟计时,位时钟定义了 CAN 总线上的波特率。报文传输/接收时,每传输或接收一位,计时器就加 1。当总线上没有报文时,会使用先前编程的波特率计数。处于模块禁止模式和冻结模式时,自由运行计时器不会增加,计时器可以在接收到特定帧时复位,以保证网络的时间同步。

(4)协议时序。产生 PE 时钟的电路结构如图 4-41 所示。时钟源选择位 CAN_CTRL1.CLKSRC 定义了内部时钟为异步时钟还是同步时钟。其中,同步时钟为外设时钟,异步时钟的功能暂不支持。为保证可靠运行,应在模块禁止模式时(CAN_MCR.MDIS 被置位时)选择时钟源为同步时钟。

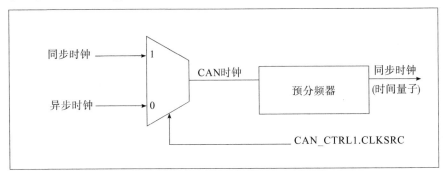

图 4-41　产生 PE 时钟的电路结构

FlexCAN 支持多种方式来设置 CAN 协议所要求的位时序参数。控制寄存器 1(CAN_CTRL1)有各种用于控制位时序参数的字段,如 PRESDIV、PROPSEG、PSEG1、PSEG2 和 RJW。而 CAN 位的时序寄存器 CAN_CBT 扩展了 CAN_CTRL1 中 CAN 位时序变量的范围。

PRESDIV 字段及其扩展范围 EPRESDIV 定义了串行时钟的预分频,可以用式(4-10)表示。串行时钟的周期定义了用于构成 CAN 波形的最小时间量子(time quantum,T_q)。这里,T_q 为 CAN 引擎所能处理的最小时间单元。

$$T_q = \frac{(PRSEDIV + 1)}{f_{CANCLK}} \tag{4-10}$$

式中:$PRESDIV$ 为串行时钟预分频的值;f_{CANCLK} 为串行时钟周期频率,Hz。

比特率定义了接收或传输 CAN 报文的速率,可以用式(4-11)或式(4-12)表示

$$T_{bit} = Num_{T_q} \times T_q \tag{4-11}$$

$$Rate_{bit} = \frac{1}{T_{bit}} \tag{4-12}$$

式中:T_{bit} 为位时间,ns;$Rate_{bit}$ 为比特率,bit/s;Num_{T_q} 为传输 1 位数据所需的时间量子数量。

位时间可以细分为同步段、时间段 1 和时间段 2。同步段 SYNC_SEG 表示 1 个 T_q 的固定长度,信号边沿出现在该段内。时间段 1 包括 CAN 标准的传播段和相位段 1,该段可通过设置 CAN_CTRL1 寄存器的 PROPSEG 和

PSEG1 字段来编程,其总和(+2)为 2~16 个 T_q。当 CAN_CBT.BTF 被置位时,FlexCAN 使用来自 CAN_CBT 寄存器的 EPROPSEG 和 EPSEG1 字段,其总和(+2)为 2~96 个 T_q。时间段 2 为 CAN 标准的相位段 2,该段可通过设置 CAN_CTRL1 寄存器的 PSEG2 字段来编程,其值(+1)为 2~8 个 T_q。当 CAN_CBT.BTF 被置位时,FlexCAN 使用来自 CAN_CBT 寄存器的 EPSEG2 字段,其值(+1)为 2~32 个 T_q。时间段 2 的值不能小于信息处理时间(infomation processing time,IPT),IPT 在 FlexCAN 中为 2 个 T_q。

注:上述时间段中定义的位时间必须不小于 5 个 T_q。在位时间计算中,包括了一个 2 个 T_q 的信息处理时间(IPT),该值在 FlexCAN 中已经实现。

位时间内各段(使用 CAN_CTRL1 寄存器时序变量的经典 CAN 格式)如图 4-42 所示,时间段语法如表 4-4 所列。

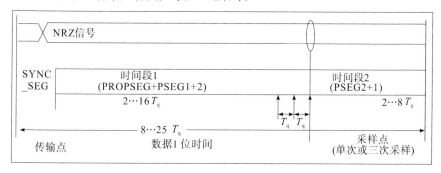

图 4-42 位时间内地段

表 4-4 时间段语法

语法	描述
SYNC_SEG	系统期望在此期间总线上发生转换
TSEG1	对应 PROPSEG 和 PSEG1 的总和
TSEG2	对应 PSEG2 的值
传输点	传输模式下的节点在该点传输新值到 CAN 总线上
采样点	节点在该点采样总线。如果选择每位采样三次,则该点位于第三次采样的位置

符合 BOSCH CAN 2.0B 标准的位时间段设置示例如表 4-5 所列。

表 4-5 位时间段设置示例

时间段 1	时间段 2	重同步补偿宽度
4～11	3	1～3
5～12	4	1～4
6～13	5	1～4
7～14	6	1～4
8～15	7	1～4
9～16	8	1～4

注：用户必须确保位时间的设置符合 CAN 协议标准（ISO 11898-1）。

当采用 CAN 位作为持续时间的衡量标准时（如评估报文中的 CAN 位事件），一个 CAN 位的外设时钟个数可按式(4-13)计算。

$$Num_{clkbit} = \frac{f_{SYG}}{f_{CANCLK}} \times (PRESDIV + 1) \times (PROPSEG + PSEG1 + PSEG2 + 4) \quad (4\text{-}13)$$

式中：Num_{clkbit} 为一个 CAN 位的外设时钟个数；f_{CANCLK} 为 PE 时钟频率，Hz；f_{SYS} 为系统（CHI）时钟频率，Hz；$PSEG1$ 为 CAN_CTRL1.PSEG1 的值；$PSEG2$ 为 CAN_CTRL1.PSEG2 的值；$PROPSEG$ 为 CAN_CTRL1.PROPSEG 的值；$PRESDIV$ 为 CAN_CTRL1.PRESDIV 的值。

上述公式也适用于 CAN 位时序寄存器 CAN_CBT 中定义的 CAN 位时间变量。

（5）仲裁和匹配时序。在正常接收和传输期间，匹配、仲裁、移入和移出流程都在 CAN 帧的特定时间段被执行，如图 4-43、图 4-44、图 4-45 所示。

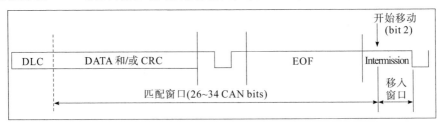

图 4-43 匹配和移入时间段

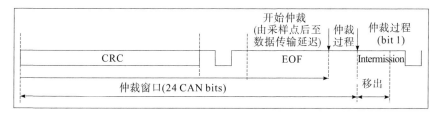

图 4-44 仲裁和移出时间段

图 4-45 总线关闭结束时的仲裁和移出时间段

(6) TX 仲裁启动延迟。TX 仲裁启动延迟位字段 CAN_CTRL2.TASD 指示了 FlexCAN 从当前帧的 CRC 字段首位开始延迟 TX 仲裁过程起点所用的 CAN 位个数。CAN_CTRL2.TASD 只能在冻结模式下写入,在其他模式下会被硬件锁定。CPU 在内部仲裁过程结束后重新配置传输 MB 的能力,会影响传输性能。如果在 Intermission 字段的首位之前仲裁过早结束,则 CPU 有机会重新配置部分 TX MB。此时,原本仲裁获胜的 MB 将不再是传输的最佳候选者。

TASD 通过定义仲裁起点来优化 CAN 总线的传输性能。优化过程取决于两个关键要素:①CAN 位时序变量,它决定了 CAN 位速率;②匹配和仲裁过程中所采用的 MB 数量,它影响着数据帧的分配和处理效率。优化的 TX 仲裁起点如图 4-46 所示。

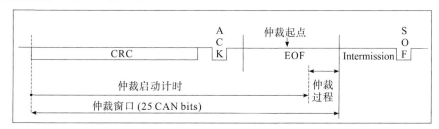

图 4-46 优化的 TX 仲裁起点

从 CAN 位的角度看,仲裁过程的持续时间与可用的 MB 数量以及 CAN

位速率成正比,与外设时钟频率成反比。

最优的仲裁时序是在 CAN 帧 Intermission 字段首位前完成对最后一个 MB 的扫描。例如,如果只有少量的 MB,且 CAN 波特率低,则仲裁可以更靠近帧的末端,增加起点的延迟。如果 TASD 被设置为 0,则仲裁起点不延迟,且更多的时间会被预留给仲裁。如果 TASD 接近 24,则 CPU 可以稍后再配置 TX MB,减少仲裁预留时间。

仲裁过程按照邮箱编号由低到高进行扫描,搜索用于下一次传输的邮箱。存放下一次要传输的报文的邮箱被称为仲裁获胜邮箱。如果为仲裁预留的时间太少,则 FlexCAN 可能无法及时找到获胜邮箱,也无法在最佳时机发送以赢得总线仲裁。

TASD 为 TX 仲裁的启动延迟,是从 CAN 总线的 CRC 字段首位开始,TX 仲裁过程起始点延迟的 CAN 位数。优化 TASD 值的计算如下

$$TASD = 25 - \frac{2 \times (MAXMB + 1) + 4}{CPCB} \quad (4-14)$$

式中:$MAXMB$ 为 CAN_MCR.MAXMB 的值;$CPCB$ 为每个 CAN 位的外设时钟数量。

$$CPCB = \frac{f_{SYS}}{BITRATE_N} \quad (4-15)$$

式中:$BITRATE_N$ 是由 CAN 位时间变量计算出的 CAN 位速率,bit/s, $BITRAET_N$ 按式(4-16)计算。

$$BITRATE_N = f_{CANCLK} / \{[1 + (EPSEG1 + 1) + (EPSEG2 + 1) + (EPROPSEG + 1)] \times (EPRESDIV + 1)\} \quad (4-16)$$

式中:f_{CANCLK} 为串行时钟频率,Hz;f_{SYS} 为外设时钟频率,Hz;$EPSEG1$ 为 CAN_CBT.EPSEG1 的值(也可使用 CAN_CTRL1.PSEG1);$EPSEG2$ 为 CAN_CBT.EPSEG2 的值(也可使用 CAN_CTRL1.PSEG2);$PROPSEG$ 为 CAN_CBT.EPROPSEG 的值(也可使用 CAN_CTRL1.PROPSEG);$EPRESDIV$ 为 CAN_CBT.EPRESDIV 的值(也可使用 CAN_CTRL1.PRESDIV)。

(7)报文缓冲区结构。FlexCAN 所使用的报文缓冲区结构如图 4-47 所示,支持 CAN 2.0B 协议的两种帧格式:扩展帧(29 位 ID)和标准帧(11 位

ID)。每个报文缓冲区(MB)由 16 个字节组成,其中包括 8 个字节的数据字段,这些报文缓冲区使用内存区域 0x80~0x17f 作为邮箱地址。

	31 30 29 28	27 26 25 24	23 22	21 20	19 18 17 16 15 14 13 12	11 10 9 8 7 6 5 4 3 2 1 0
0x0	预留	CODE	预留	SRR IDE RTR	DLC	时间戳
0x4	PRIO 预留	ID(标准/扩展)				ID(扩展)
0x8	数据字节0		数据字节1		数据字节2	数据字节3
0xC	数据字节4		数据字节5		数据字节6	数据字节7

图 4-47 FlexCAN 所使用的报文缓冲区结构

CODE 报文缓冲区代码如下。

①替代远程请求(substitute remote request,SRR):1 表示扩展帧格式传输时,必须使用隐性位;0 表示扩展帧格式传输时,显性位无效。固定的隐性位只用于扩展帧格式,传输时(发送缓冲区)该位必须设置为 1,且会和从 CAN 总线上接收到的值一起存储于接收缓冲区。SRR 位可以被接收为隐性或显性,如果 FlexCAN 以显性位接收,则认为仲裁丢失。

②ID 扩展位(ID extension,IDE):1 表示扩展帧;0 表示标准帧。

③远程传输请求(remote transmission request,RTR):1 表示如果发送 MB,则当前 MB 可能有一个远程帧待发送。如果接收 MB,则接收到的远程帧将会被存储。0 表示如果当前的 MB 中有一个数据帧待传输,在接收 MB 过程中可能会被用于匹配过程:如果 FlexCAN 传输 1(隐性),接收到 0(显性),则认为仲裁丢失;如果 RTR 传输 0(显性),接收到 1(隐性),则认为位错误;如果接收值与发送值相同,则认为位传输成功。

④数据长度码(data length code,DLC):该 4 位字段为发送/接收数据的长度(以字节为单位),位于偏移地址为 0x8 到 0xf 的 MB 空间。接收阶段,该字段由 FlexCAN 写入,从接收帧的 DLC 字段复制得到;传输阶段,该字段由 CPU 写入,且要与传输的帧的 DLC 字段相对应。当 RTR=1 时,被传输的帧为远程帧,不包含数据字段。

⑤自由运行计时器时间戳(TIME STAMP):该 16 位字段为自由运行计时器的复制,当标识符字段开头出现在 CAN 总线上时进行捕获。

⑥本地优先级(priority,PRIO):该 3 位字段只有在 MCR.LPRIO_EN 被置位的情况下才有效,且专门用于传输邮箱,通过附加到 ID 来定义传输优

先级,且此字段不会随数据被一同传输。

⑦帧标识符(ID):标准帧格式下只有高 11 位(28~18 位)用于识别接收帧或发送帧,忽略低 18 位;扩展帧格式下所有位都用于识别传输帧或接收帧。

⑧数据字段(DATA BYTE 的 0~7 位):数据帧最多可以使用 8 个字节,具体取决于 MB 选择的有效负载大小。从总线上接收到的帧以该帧被接收时的格式进行存放,只有字节数 n 小于 DLC 时,DATA BYTE(n)才有效。

CODE 字段可以被 CPU 和 FlexCAN 读写,以作为报文缓冲区匹配和仲裁过程的一部分,接收缓冲区代码如表 4-6 所列。

表 4-6 接收缓冲区代码

代码	接收到新帧前的 RX CODE	SRV[①]	成功接收后的 RX CODE[②]	RRS[③]	注解
0b0000(MB 未激活)	INACTIVE	—	—	—	MB 未参与匹配过程
0b0100(MB 激活且为空)	EMPTY	—	FULL	—	成功接收到帧时(在移入过程之后),CODE 自动更新为 FULL
0b0010(MB 满)	FULL	Yes	FULL	—	读取 C/S 并解锁 MB(SRV)不会使代码返回 EMPTY。如果在 MB 被处理后,有新帧被移入 MB,则代码仍保持 FULL
	—	No	OVERRUN	—	如果 MB 为 FULL,新帧在 CPU 使用该 MB 前被移入,则 CODE 会自动更新为 OVERRUN
0b0110(MB 被覆盖到满的缓冲区中)	OVERRUN	Yes	FULL	—	如果 CODE 为 OVERRUN 且 CPU 已处理 MB,则当一个新帧移动到 MB 时,代码返回 FULL
		No	OVERRUN	—	如果 CODE 为 OVERRUN,且必须移入另一个新帧,则 MB 将再次被覆盖,代码将保持 OVERRUN

续表

代码	接收到新帧前的 RX CODE	SRV①	成功接收后的 RX CODE②	RRS③	注解
0b1010(帧被配置为识别远程帧并回复响应帧)	RANSWER④	—	TANSWER	0	远程应答被配置,用于识别接收到的远程帧。之后,MB被配置为发送响应帧,代码自动变更为 TANSWER(0b1110)。如果 CAN_CTRL2.RRS 被清零,则在收到相同 ID 的远程帧时发送响应帧
		—	—	1	匹配与仲裁阶段,忽略此代码
CODE[0]=1 (FlexCAN 正在更新 MB,CPU 禁止访问)	BUSY⑤	—	FULL	—	表示正在更新 MB。自动清零且不影响下一个 CODE
		—	OVERRUN	—	

注:①SRV(service)为已处理的 MB。MB 被读取,并通过读 CAN_TIMER 寄存器或其他 MB 解锁。

②帧被移入 MB 则认为该帧被成功接收。

③远程请求存储(remote request storage,RRS)位。

④CODE 为 0b1010 不被认作 TX,具有该 CODE 的 MB 不应被中止。

⑤对于 TX MB,读取时应忽略 BUSY 位,除非 CAN_MCR.AEN 被置位。如果该位被置位,则相应的 MB 不参与匹配过程。

发送缓冲区代码如表 4-7 所示。

表 4-7 发送缓冲区代码

代码	接收帧前的 TX CODE	MB RTR	成功传输后的 TX CODE	注解
0b1000 (MB 未激活)	INACTIVE	—	—	MB 未参与匹配过程
0b1001 (MB 被丢弃)	ABORT	—	—	MB 未参与匹配过程
0b1100 (MB 为 TX 数据帧,MB RTR 必须为 0)	DATA	0	INACTIVE	无条件地发送数据帧一次。传输后,MB 自动返回 INACTIVE 状态
0b1100 (MB 为远程帧,MB RTR 必须为 1)	REMOTE	1	EMP	无条件地发送远程帧一次。传输后,该 MB 将自动转换为具有相同 ID 的空 MB

续表

代码	接收帧前的 TX CODE	MB RTR	成功传输后的 TX CODE	注解
0b1110(MB为远程帧的响应帧)	TANSWER	—	RANSWER	中间代码,匹配远程帧后由CHI自动写入MB。远程响应帧将无条件地传输一次,之后代码将自动返回RANSWER(0b1010),CPU写该CODE可以产生相同的效果。远程响应帧可以是数据帧,也可以是另一个远程帧,具体取决于RTR位的值

2. 仲裁过程

以下事件可触发仲裁过程:①处理CAN帧的CRC字段(起始点取决于CAN_CTRL2.TASD字段的值);②CAN帧的错误界定符字段被检测到;③CAN帧的过载界定符字段被检测到;④获胜邮箱未被激活,且CAN总线尚未到达Intermission字段首位;⑤CPU向获胜邮箱的C/S写入数据,且CAN总线尚未到达Intermission字段的首位;⑥CHI处于空闲状态,且CPU向任意MB的C/S写入数据;⑦FlexCAN退出总线关闭状态;⑧离开冻结模式或低功耗模式。

如果在CAN总线到达Intermission字段的首位前,仲裁过程没能评估所有邮箱,则临时获胜邮箱无效,且FlexCAN不会参与下一次的CAN总线竞争。仲裁过程中,扫描结束时会根据CAN_CTRL1.LBUF和CAN_MCR.LPRIOEN的配置,从激活的TX邮箱中选择获胜邮箱。对于获胜邮箱,有如下规定。

(1)最小邮箱编号优先。当CAN_CTRL1.LBUF被置位时,CAN_MCR.LPRIOEN位无效,此时搜索到的第一个(最小编号)激活的TX邮箱为仲裁获胜邮箱。

(2)最高优先级邮箱优先。当CAN_CTRL1.LBUF为0时,仲裁过程会根据最高优先级搜索激活的TX邮箱。当多个外部节点同时竞争总线时,该邮箱的帧赢得CAN总线仲裁的概率更高。用于此次仲裁的位序列被称为邮箱仲裁值。在所有TX邮箱中,优先级最高的TX邮箱仲裁值最小。如果两个或多个邮箱具有相同的仲裁值,则编号最小的邮箱为仲裁获胜邮箱。

仲裁值的构成取决于 CAN_MCR.LPRIOEN 的配置,其配置如下。

①本地优先级禁止。如果 CAN_MCR.LPRIOEN 为 0,则本地优先级无效,需根据 CAN 帧的位传输顺序确定仲裁值。本地优先级无效时仲裁值的构成如表 4-8 所列。

表 4-8 本地优先级无效时仲裁值的构成

格式	邮箱仲裁值(32 位)				
标准 (IDE=0)	标准 ID	RTR	IDE	—	—
	(11 位)	(1 位)	(1 位)	(18 位)	(1 位)
扩展 (IDE=1)	扩展 ID[28:18]	SRR	IDE	扩展 ID[17:0]	RTR
	(11 位)	(1 位)	(1 位)	(18 位)	(1 位)

②本地优先级使能。如果 CAN_MCR.LPRIOEN 被置位,则本地优先级使能,邮箱的 PRIO 字段置于仲裁值的最左侧。本地优先级使用时仲裁值的构成如表 4-9 所列。

表 4-9 本地优先级使用时仲裁值的构成

格式	邮箱仲裁值(35 位)					
标准 (IDE=0)	PRIO	标准 ID	RTR	IDE	—	—
	(3 位)	(11 位)	(1 位)	(1 位)	(18 位)	(1 位)
扩展 (IDE=1)	PRIO	扩展 ID [28:18]	SRR	IDE	扩展 ID [17:0]	RTR
	(3 位)	(11 位)	(1 位)	(1 位)	(18 位)	(1 位)

PRIO 字段为仲裁值的最高位,因此 PRIO 值低的邮箱优先级高,与剩余仲裁值无关。

注:PRIO 字段不属于 CAN 总线帧,仅影响内部仲裁过程。

(3)仲裁完成。找出仲裁获胜邮箱后,其内容会被复制到一个名为 TX 串行报文缓冲区(TX SMB)的隐藏辅助 MB 中。该 MB 与普通 MB 结构相同,但用户无法访问。此复制操作称为移出(move out)。移出完成后,如果 CAN_MCR.AEN 被置位,则无法写入 MB 的命令和 C/S。以下事件可使写操作恢复:①MB 被传输,且相应的 IFLAG 位被 CPU 清零;②FlexCAN 进入冻结模式或总线关闭;③FlexCAN 丢失总线仲裁或出现传输错误;④CAN 总线上出现第一个机会窗口,TX SMB 内的报文依据 CAN 协议规则进行传输。

(4)仲裁启动和停止条件。仲裁在下列情况下被触发:①在 CAN 总线通信过程中,当接收到 RX 帧和发送 TX 帧时,从 CAN 的 CRC 字段到帧结束期间,仲裁可能会发生。通过配置 CAN_CTRL2 寄存器中的 TASD 位,可以优化仲裁起点。②当 CAN 总线处于关闭状态,并且 TX_ERR_CNT 的值在 124 到 128 之间时,仲裁可能会被触发。同样,配置 CAN_CTRL2 寄存器的 TASD 位可以优化仲裁起点。③在总线处于空闲状态时,如果 CPU 执行 C/S 写操作,第一个 C/S 写操作将启动仲裁过程。在同一个仲裁期间,第二个 C/S 写操作将重启仲裁流程。如果在仲裁过程中执行了其他 C/S 写操作,TX 仲裁过程将被挂起。如果在仲裁结束后没有获胜者,TX 仲裁机构将启动一个新的仲裁过程。如果存在待处理的仲裁请求,并且在总线空闲状态下启动,则仲裁过程将被触发。此时,总线空闲状态下的第一个和第二个 C/S 写操作不会重启仲裁过程。在等待总线空闲状态并且下一个状态为空闲时,可能没有足够的时间完成仲裁。在这种情况下,扫描不会中断,而是在总线空闲状态下完成。在仲裁期间,C/S 写操作不会导致仲裁重启。④如果仲裁获胜的邮箱在有效的仲裁期间失活,仲裁过程可能会被触发。⑤当系统退出冻结模式并且等待总线空闲状态的首位时,仲裁过程可能会重启。如果在等待总线空闲状态下进行重同步,仲裁过程将重新启动。

仲裁在下列情况下停止:①所有邮箱都被扫描过时,仲裁会停止;②最低缓冲区(lowest buffer)功能被使用,发现一个激活的 TX 邮箱时,仲裁会停止;③仲裁获胜邮箱在任何仲裁期间失活或中止时,仲裁会停止;④没有足够的时间完成 TX 仲裁过程,仲裁过程被挂起时,仲裁会停止;⑤总线错误或过载时,仲裁会停止;⑥总线空闲状态下请求低功耗或冻结模式时,仲裁会停止。

仲裁在下列情况下被挂起:①无法及时完成仲裁过程时,仲裁会被挂起;②仲裁期间执行 C/S 写操作,执行写操作的 MB 编号小于 TX 仲裁指针时,仲裁会被挂起;③没有进行中的 TX 仲裁过程时,执行任何 C/S 写操作,仲裁都会被挂起;④RX 匹配刚刚将 RX 代码更新至 TX 代码时,仲裁会被挂起;⑤进入总线关闭状态时,仲裁会被挂起。

3. 转移流程

转移流程有移入和移出两种类型。

(1) 移入流程。移入流程是指将 RX SMB 接收到的报文复制到匹配的 RX 邮箱或 FIFO 中的过程。如果移入的目标是 RX FIFO，则报文的属性也会被复制至 CAN_RXFIR FIFO 内。每个 RX SMB 均有独立的移入流程。但在给定的时间内只能执行一个移入操作。只有当 RX SMB 中的报文存在对应的匹配获胜者，且以下条件都满足时才开始移入：①CAN 总线已经到达或让位于靠近携带 RX SMB 信息帧的 Intermission 字段的第二位或者靠近携带 RX SMB 信息帧的过载帧的第一位；②没有正在进行的匹配过程；③目标邮箱未被 CPU 锁定；④其他 RX SMB 没有正在进行的移入流程，如果同时启动一个以上的移入流程，则两个都可以执行，并用最新流程的替代最旧的流程。

如果满足以下任一条件，则移入流程被取消，且 RX SMB 能够接收其他报文：①CAN 总线到达携带报文的帧附近的 Intermission 字段首位，且相应的匹配过程完成后，目标邮箱失活；②先前有一个待处理的移入，并且该移入具有相同的目标邮箱；③RX SMB 正在接收 FlexCAN 传输的帧，且自接收禁止(CAN_MCR.SRXDIS 被置位)；④检测到 CAN 协议错误。

注：如果 FlexCAN 进入冻结或低功耗模式，则待处理的移入流程不会被取消，而是处于等待状态，等待从冻结或低功耗模式退出并被解锁。如果 MB 在冻结模式下被解锁，则移入流程将即刻执行。

FlexCAN 按照以下步骤执行移入流程：①如果报文的目标是 RX FIFO，则将 IDHIT 移入 RXFIR FIFO；②根据为 RX 存储元素选定的有效负载数，从 RX SMB 读取所有的数据字；③根据为 RX 存储元素选定的有效负载数，向 RX 邮箱写入所有的数据字，如果存储元素的数据量小于报文 DLC 字段的有效负载数，则有效负载被截断，不符合目标大小的高阶字节丢失；④从 RX SMB 读取 C/S 和 ID；⑤将 C/S 和 ID 写入 RX 邮箱，并更新代码字段。

移入流程并不是自动的，该流程会因目标邮箱失活而被立即取消，此情况可能导致邮箱被部分更新，导致数据不一致的情况出现。但如果移入目标为 RX FIFO，则流程不能被取消。当移入流程正在进行时，会置位目标报文缓冲区的 BUSY 位(代码字段的最低有效位)，以警告 CPU 报文缓冲区的内容暂时不一致。

(2)移出流程。移出流程是指传输报文可用时,将报文从 TX 邮箱复制到 TX SMB 的过程。移出在下列情况下进行:①在 Intermission 字段的首位出现时会触发移出;②在总线关闭期间,若 TX 错误计数器的值在 124 到 128 之间,移出操作可能被触发;③总线空闲状态期间,移出操作可能被触发;④等待总线空闲状态期间,移出操作可能被触发。

移出流程并不是自动的。总线不处于空闲状态时,只有 CPU 具有并发访问内存的优先级;总线处于空闲状态时,对于并发的内存访问请求,移出流程的优先级最低。

4. RX FIFO

当 CAN_MCR.RFEN 被置位时,RX FIFO 被使能,RX FIFO 具有 6 篇报文的存储深度。其结构包括报文缓冲区和 RX FIFO 引擎,它们共同占用特定的内存区域。CPU 可以按照报文被接收的顺序在 RX FIFO 的输出接口重复读取报文缓冲区结构。当 RX FIFO 中至少有一个帧可被读取时,CAN_IFLAG1.BUF5I(RX FIFO 中有可用帧)被置位,相应的掩码位生成中断。一旦接收到中断信号,CPU 便能够读取报文(以报文缓冲区的方式访问 RX FIFO 的输出)和 CAN_RXFIR 寄存器,并在读取后之后清除中断信号。如果 RX FIFO 中有许多报文,则清除中断信号的行为会将 FIFO 输出更新为下一条报文,并将 CAN_RXFIR 更新为该报文的属性,之后再次向 CPU 发出中断信号;否则中断信号的标志位会被清除,RX FIFO 的输出仅在 CAN_IFLAG1.BUF5I 被置位时有效。

接收到新报文后,RX FIFO 中未读取的报文数从 4 增加至 5 时,若 CAN_IFLAG1.BUF6I(RX FIFO 警告)被置位,则表明 RX FIFO 将满,该标志位会一直保持置位,直到 CPU 将其清零。因 RX FIFO 满而导致新来的报文丢失时,CAN_IFLAG1.BUF7I(RX FIFO 溢出)会被置位。当 RX FIFO 满且新报文被邮箱捕获时,CAN_IFLAG1.BUF7I 不会被置位。如果 BUF7I 已经被置位,它将保持置位直到 CPU 将其清零。

清除 CAN_IFLAG1.BUF5I、CAN_IFLAG1.BOF6I、CAN_IFCAG1.BUF7I 这三个标志位中的任何一个都不会影响其他两个标志的状态。如果 IFLAG 位被置位且相应的掩码位也被置位,则生成中断。

FlexCAN 提供了一个高效的过滤机制,确保只有目标应用的接收帧可被接收,减少了中断处理的负荷。过滤标准可以通过编制最多 40 个 32 位寄存器来制定。根据 CAN_CTRL2.RFFN 的设定,可配置为下列格式之一。

格式 A:40 IDAF(包含 IDE 和 RTR 的标准或扩展 ID)。

格式 B:80 IDAF(包含 IDE 和 RTR 的标准 ID 和扩展 ID 的 14 位)。

格式 C:160 IDAF(标准或扩展 ID 的 8 位)。

注:选定的格式适用于过滤标准的所有条目,标准里的格式不能混用。

RX FIFO 中的每个可用帧都有相应的 IDHIT(ID 接收过滤命中指示),可从 C/S 的 IDHIT 字段中读取。CPU 还可通过访问 CAN_RXFIR 寄存器获得该信息。CAN_RXFIR.IDHIT 字段在 CAN_IFLAG1.BUF5I 标志位被置位时有效(具体取决于 RX FIFO 输出的报文)。CAN_RXFIR 寄存器必须在标志被清零前读取,以确保信息指示 RX FIFO 里正确的帧。根据 CAN_CTRL2.RFFN 的设置,过滤标准中最多可包含 16 个元素。这些元素将分别受到私有掩码寄存器(CAN_RXIMRn)的影响,以方便定义高效的过滤条件。如果 CAN_MCR.IRMQ＝0,那么 RX FIFO 过滤逻辑将受到 CAN_RXFGMASK 寄存器的影响。

5. 中断

FlexCAN 支持很多中断源,可分为由 MB 引起的中断、总线关闭、总线关闭完成、错误、TX 警告和 RX 警告。如果设置了相应的 IMASK 位,则每个 MB 都可以作为中断来源。每个缓冲区在 CAN_IFLAG1 寄存器中都有指定的标志位。当对应的缓冲区成功完成传输时置位;除非在同一时间产生了另一个中断,否则当 CPU 写 1 至该位时清零。

注:CPU 必须确保只对那些触发当前中断的位清零,因此,应避免使用位操作指令(BSET)来清除中断标志,因为这些指令可能会意外清除在当前中断服务程序中设置的其他中断标志。

(1)使能。RX FIFO 使能(CAN_MCR.RFEN＝1)且 DMA 禁止(CAN_MCR.DMA＝0)时,对应的 MB 0～7 位的中断含义不同:CAN_IFLAG1 寄存器位 7 为"RX FIFO 溢出"标志;位 6 为"RX FIFO 警告"标志;位 5 为"RX FIFO 中有可用帧"标志;位 4 至位 0 未使用。如果 RX FIFO 和 DMA 都被使能(CAN_MCR.RFEN＝1 且 CAN_MCR.DMA＝1),则 FlexCAN 不

会生成任何 RX FIFO 中断,CAN_IFLAG1 寄存器位 5 仍表示"RX FIFO 中有可用帧",并生成 DMA 请求,位 7、位 6 以及位 4 至位 0 未使用。

(2)组合中断。任何一个相关的 MB(或 FIFO)产生中断时,都会生成组合中断。此时,CPU 必须通过读取 CAN_IFLAG1 寄存器来确定造成中断的 MB(或 FIFO)是哪一个。

注:总线关闭、总线关闭完成、错误、TX 警告和 RX 警告,都可以从 CAN_ESR1 寄存器中读取(总线关闭、错误、TX 警告、RX 警告的掩码位于 CAN_CTRL1 寄存器)。

6. 初始化

CAN 总线协议通信初始化子程序如图 4-48 所示。

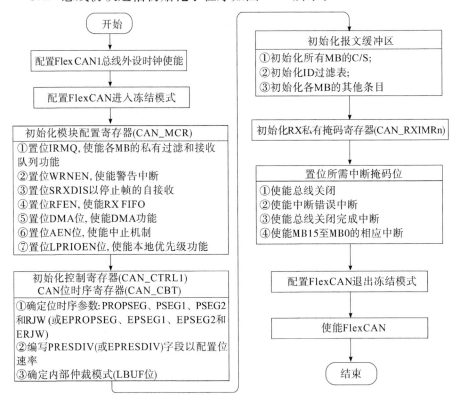

图 4-48　CAN 总线协议通信初始化子程序流程

7. 传输流程

传输 CAN 帧时，CPU 必须为传输准备报文缓冲区。CAN 总线帧传输软件子程序流程如图 4-49 所示。

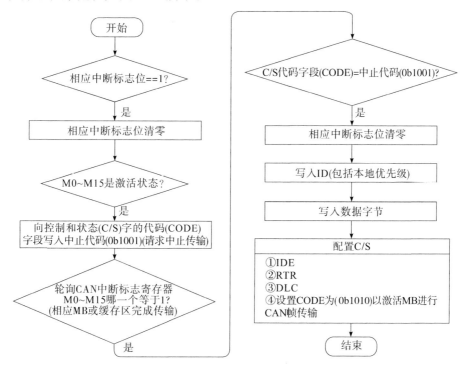

图 4-49　CAN 总线帧传输流程软件子程序流程

8. 接收流程

CAN 总线帧接收流程软件子程序流程如图 4-50 所示。

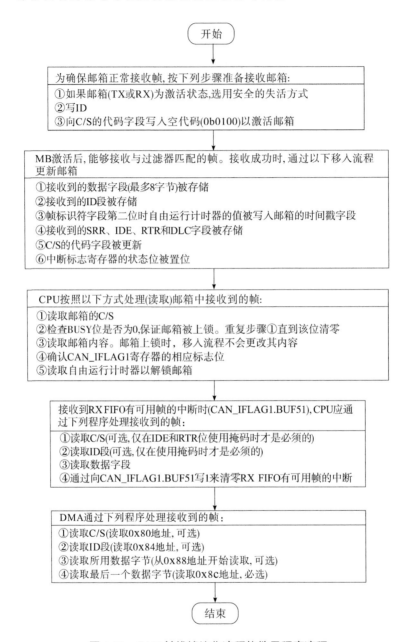

图 4-50 CAN 总线帧接收流程软件子程序流程

CPU 应该通过检查 CAN_IFLAG1 寄存器中特定邮箱的状态标志位来轮询帧接收，而不是轮询该邮箱的代码字段。轮询代码字段无效，因为一旦接收到帧，CPU 处理邮箱（解锁邮箱后读取 C/S），代码字段不会转变为

EMPTY,仍然为 FULL。如果 CPU 试图在未提前使邮箱完全失活的情况下读取邮箱,并试图通过强制向 C/S 写 EMPTY 来解决这一问题,则与相应邮箱过滤器匹配的新接收帧可能丢失。因此,应禁止通过直接读取邮箱的C/S进行轮询,而应读取 CAN_IFLAG1 寄存器以确定中断状态。

接收帧的标识符始终存储在匹配的邮箱中。受掩码匹配的影响,相应邮箱中 ID 段的内容可能会发生改变。此外,当 CAN_MCR.SRXDIS 被置位时,FlexCAN 不会存储自身传输的任何 MB 内的帧(即使模块包含一个匹配的 RX 邮箱),且不会产生中断标志或中断信号。当 CAN_MCR.SRXDIS=0 时,如果有匹配的 RX 邮箱,FlexCAN 可以接收到自身发送的帧。这种机制保证了 CAN 总线通信的准确性和可靠性。

第5章 部分回转智能型阀门电动装置组装与试验

5.1 部分回转智能型阀门电动装置生产与组装

5.1.1 机械结构优化

部分回转阀门电动装置选择了推力盘结构，使箱体的负载降至最低；箱体采用铝合金材料，相对现有技术的铸铁箱体材料而言，减轻了重量；蜗轮蜗杆采用高强度材料，加之装置体腔内采用了高性能润滑油，提高了接触强度；可选模数较小，使产品机械部分的体积减小。部分回转阀门电动装置的电器架构部分，选用了聚碳酸酯高强度新材料，保证了观察窗、电器固定支架等零件的质量要求。

部分回转阀门电动装置在密封防护能力方面有着更周全的设计。在观察窗等隔爆部分采用胶封和O形密封圈，接线电气腔采用双密封结构，控制旋钮采用非侵入式磁控开关结构，避免了与外界的接触，防护等级达IP68（水下2 m,2 h），防爆等级达ExdⅡCT4。

5.1.2 机械加工工艺

部分回转阀门电动装置的制造加工主要是在机械设备上进行的。箱体毛坯检验合格后，需按加工基准面装夹在加工中心上进行校正，均衡各加工面的加工余量，找正加工基准点，确定工件坐标位置，按照加工图纸和工艺的技术要求，在数控系统上编制粗加工和精加工程序，按编好的数控加工程序从刀库中选用合适的刀具，依次完成铣面、钻孔、镗孔、铰孔、攻丝等工序，保证箱体各加工面尺寸精度、位置精度符合设计图纸的技术要求。蜗杆零件经调质处理后要在数控车床上进行校正，按编好的数控加工程序控制数控刀架,依次完成外圆、螺旋面、螺纹的车削加工。蜗轮和齿轮完成端面、外圆、内孔加工后,要按加工基准面装夹在滚齿机上校正,进行切齿加工。上述主要零部件(其他零件相同)加工完成后,均需在校好的测量工具和仪器上按图纸标注的技术要求进行检测。

5.1.3　控制单元焊接工艺

控制单元印刷线路板采用表面贴装技术(surface mounted technology,SMT)进行焊接,阀门电动装置控制单元表面贴装元器件也采用SMT工艺焊接。SMT工艺包括印刷(或点胶)、贴装(固化)、回流焊接、清洗、检测、返修等环节。

①印刷:其作用是将焊膏或贴片胶漏印到印制电路板(printed-circuit board,PCB)的焊盘上,为元器件的焊接做准备。所用设备为印刷机(锡膏印刷机),位于SMT生产线的最前端。

②贴装:其作用是将表面组装元器件准确地安装到PCB的固定位置上。所用设备为贴片机,位于SMT生产线中印刷机的后方。

③固化:其作用是将贴片胶融化,使表面组装元器件与PCB板牢固地粘接在一起。所用设备为固化炉,位于SMT生产线中贴片机的后方。

④回流焊接:其作用是将焊膏融化,使表面组装元器件与PCB板牢固地粘接在一起。所用设备为回流焊炉,位于SMT生产线中贴片机的后方。

⑤清洗:其作用是去除组装好的PCB板上对人体有害的焊接残留物。所用设备为清洗机,位置可以不固定,可以在生产线上也可以不在生产线上。

⑥检测:其作用是对组装好的PCB板进行焊接质量和装配质量的检测。所用设备有放大镜、显微镜、在线测试仪(in circuit tester,ICT)、飞针测试仪、自动光学检测(automated optical inspection,AOI)、X射线检测系统、功能测试仪等,可根据检测的需要配置在生产线合适的地方。

⑦返修:其作用是对检测出故障的PCB板进行返修。所用工具为烙铁、返修工作站等,可配置在生产线中任意位置。

注:部分分立元件(如变压器)采用人工烙铁焊接。

5.1.4 整机组装工艺

电装各零部件加工合格后,转入装配工序,依据装配图纸和工艺要求进行组装。组装工艺流程如图5-1所示。

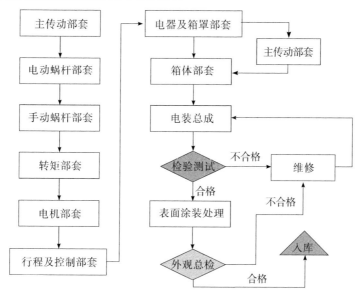

图 5-1 组装工艺流程

将机械传动机构、行程和力矩控制装置等部件装入箱体,手动测试各运转部件的旋转精度、切换部件的移动位置精度等,合格后装上电气控制装置,测试电动控制下各运转部件的旋转精度、切换部件的移动位置精度等。接着,通过人机交互界面调试远方和现场控制切换功能、紧急操作功能、开关/调节一体化设定、开关量输出信号组态,完成客户要求的其他操作与控制。完成以上操作后,将整机装在综合测试台上,按型号标注的规格进行全行程调试、力矩整定、手动和电动情形下各技术参数的测试,测试合格后打上铭牌,之后可进行表面涂装处理。

部分回转阀门电动装置和被控制设备(蝶阀、球阀和风门等)按 GB/T 12223—2023《部分回转阀门驱动装置的连接》连接后,接通阀门电动装置主电源和控制单元,在主控装置和阀门电动装置可正常通信的情况下,对被控制设备进行行程精确控制调试、力矩整定等控制功能操作。

5.2 工作方式的组态设定

智能型阀门电动装置在使用前需对工作方式的组态进行设定。在进行菜单操作时,如果用户在 1 min 内没有按键操作,显示界面将自动返回非设定画面。此外,在进行各菜单操作后,应使用返回键退出设定画面,这样才可以在电动机转动时看到非设定画面时的阀门开度。

在进入菜单操作后,首次显示的设定项是出厂设定的初始值或上次设定后的存储值,用户可利用此特点查看以前的设定值。

1. 进入菜单

将方式钮放在"现场"位置,操控手持式设定器上的"上移"键、"下移"键、"停止"键、"确认"键中的任意键均可进入工作设定菜单。或将方式钮置于"停止"位置,操作钮置于"打开"位置,保持 10 s 以上,控制系统便会自动进入工作设定主菜单画面,如图 5-2 所示。

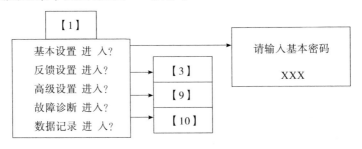

图 5-2 主菜单画面

注:为了后面叙述和显示的方便,用【 】括起来的部分表示选中的菜单。在液晶画面显示的菜单中,被选中的项以反显方式(即黑底白字)显示光标所在位置,没被选中的项以常规方式(即白底黑字)显示。

在菜单中,可用"上移"键或"下移"键选择所需的项,按下"确认"键,则会进入相应的子菜单或保存参数。

注:按下"确认"键可分别进入"基本设置""反馈设置""高级设置"并自动转到密码界面;如果"基本设置""反馈设置"的密码设为"0",则自动跳过密码界面。

2. 基本设置

基本设置子菜单的组态画面如图 5-3 所示。

(1) 关位确认。限位设定的顺序是无限制的,用户可以先设置关位再设置开位,也可以先设置开位再设置关位。

在【2】号菜单中,用"上移"键或"下移"键选定"关位确认"项后,该行的右边将显示编码器输出的当前位置的编码值(0～1000)。点动方式控制执行器使其转动到关限位处(将方式钮旋至"现场"位置,按手持式设定器上的"打开"键/"关闭"键或操作钮用点动方式将执行器转动到关限位处)。按"确认"键后,液晶屏

【2】	
关位确认	XXXX
开位确认	XXXX
调节死区	0.3%～9.9%
丢信动位	保位/全关/全开
关过矩值	30%～100%
开过矩值	30%～100%
显示方向	倒显/正显
现场控制	点动/保持
更改基本密码	XXX
恢复出厂值	OK?

图 5-3 基本设置子菜单画面

上方的红色指示灯会闪动两下后再点亮,表示执行器已经将该位置设定为关限位。若在按"确认"键前按了"返回"键,则不设定关限位,并退回上一级菜单。

(2) 开位确认。在【2】号菜单中,用"上移"键或"下移"键选定"开位确认"项后,该行的右边将显示编码器输出的当前位置的编码值(0～1000)。点动方式控制执行器使其转动到开限位处(将方式钮旋至"现场"位置,按手持式设定器上的"打开"键/"关闭"键或操作旋钮用点动方式将执行器转动到开限位处)。按"确认"键后,液晶屏上方的绿色指示灯会闪动两下后再点亮,表示执行器已经将该位置设定为开限位。若在按"确认"键前按了"返回"键,则不设定开限位,并退回上一级菜单。

(3) 调节死区。调节死区功能仅在远程自动控制时有效。在这种控制方式下,执行器可根据控制电流计算出目标阀位,再将该值与当前的阀位进行比较。只有差值的绝对值大于死区值,执行器才会开始动作,使当前的阀位向目标阀位靠近;如果当前的阀位与目标阀位之差的绝对值在死区范围之内,则执行器停止动作。设定适当的死区可以防止执行器在给定的阀位附近振荡。

在【2】号菜单中,用"上移"键或"下移"键选定"调节死区"项后,该行的右

边将显示以前的设定值(0.3%～9.9%)。用户可以使用"加""减"键来改变死区值。设定死区值后,用"确认"键保存修改。

(4)丢信动位。丢信指当执行器工作处于远方自动控制模式下且控制电流小于低端电流的1/2时,执行器认为控制信号丢失,简称为丢信。丢信动作是指在发生丢信时执行器应运行到预设位置。该项有"保位""全关""全开"3个可选值,其中"保位"指的是保持原位。

在【2】号菜单中,用"上移"键或"下移"键选定"丢信动作"项后,该行的右边将显示以前设定的选项("保位"或"全关"或"全开"),用"加""减"键选择所需的选项后,用"确认"键保存修改。

(5)关过矩值(配转矩开关的产品无此选项)。在【2】号菜单中,用"上移"键或"下移"键选定"关过矩值"项后,该行的右边将显示以前的设定值(额定转矩的百分比),用"加""减"键可使其值在30%～100%范围为变化,用"确认"键可保存设定值。

(6)开过矩值(配转矩开关的产品无此选项)。在【2】号菜单中,用"上移"键或"下移"键选定"开过矩值"项后,该行的右边将显示以前的设定值(额定转矩的百分比),用"加""减"键可使其值在30%～100%范围内变化,用"确认"键保存设定值。

(7)显示方向。在【2】号菜单中,用"上移"键或"下移"键选定"显示方向"项后,该行的右边将显示以前设定的选项("倒显"或"正显"),用"加""减"键选择所需的选项,用"确认"键可保存修改。

(8)现场控制。在【2】号菜单中,用"上移"键或"下移"键选定"现场控制"项后,该行的右边将显示以前设定的选项("点动"或"保持"),用"加""减"键可使设定选项在"点动"和"保持"之间切换,用"确认"键可保存修改。

(9)更改基本密码。在【2】号菜单中,用"上移"键或"下移"键选定"更改基本密码"项后,该行的右边将显示以前设定的用户密码,用"加""减"键可在0～255范围内设定密码值,用"确认"键可保存修改。

(10)恢复出厂设置。若在菜单设置过程中发生错乱,可用此项来恢复除行程的"开位""关位"和"关闭方向"参数外的出厂初始值。

3. 反馈设置

在【1】号菜单中,用"上移"键或"下移"键选定"反馈设置"项并按"确认"

键后,如果用户密码设置为0(即无密码),则进入【3】号菜单;若密码不为0,则需输入反馈密码后才可进入【3】号菜单,如图5-4所示。

(1)低端微调。在【3】号菜单中,用"上移"键或"下移"键选定"低端微调"项后,执行器将送出4 mA电流。当用户认为发送的4 mA电流不准时,可通过"加""减"键增大或减小输出电流,通过"确认"键保存设定值。

(2)高端微调。在【3】号菜单中,用"上移"键或"下移"键选定"高端微调"项后,执行器将送出20 mA电流。当用户认为发送的20 mA电流不准时,可通过"加""减"键增大或减小输出电流,通过"确认"键保存设定值。

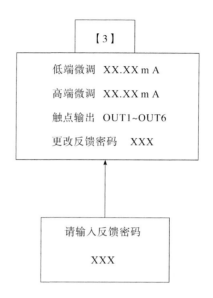

图5-4 反馈子菜单组态画面

(3)触点输出。OUT1～OUT5开关是一组非保持型的输出开关(电源掉电后,其开关状态可能发生改变),用于指示执行器的状态。它可在关到位、开到位、关过矩、开过矩、关矩、正在关、正在开、正在运行、远方位置、现场位置中的某项发生时选择其开关是闭合还是断开。在【3】号菜单中,用"加""减"键选中OUT1～OUT5选项并按"确认"键,之后屏幕会显示【4】号菜单的内容,如图5-5所示。用"上移"键或"下移"键可选择需要的状态项,用"加""减"键可选择开关是闭合还是断开,选取后用"确认"键保存所选定的内容。

若选择"中间位置"项并按"确认"键,屏幕会显示【5】号菜单的内容,如图5-6所示。此处,要求用户设置具体的中间位置和到达该位置后相应的开关是闭合还是断开的。先

图5-5 OUT1～OUT5触点报警输出组态画面

用"下移"键选中"≥XX%"项,该项会显示以前设定的值,符号"≥"的含义为大于等于。用"加""减"键可在1%～99%范围内选择所需的值,选择后用"确认"键保存所选定的内容。再用"下移"键选中屏幕的最后一行,最后用"加""减"键可选择开关是闭合还是断开,选取后用"确认"键保存所选定的内容。

在【3】号菜单中,如果选中OUT6选项并按"确认"键后,屏幕会显示【17】号菜单的内容,用于设定报警继电器包含的报警内容,如图5-7所示。

(4)更改反馈密码。在【3】号菜单中,用"上移"键或"下移"键选定"更改反馈密码"项后,该行的右边将显示以前设定的用户密码。用"加""减"键在0～255设定密码值,用"确认"键保存修改值。

图5-6 中间位置组态画面

图5-7 OUT6报警内容组态画面

4. 高级设置

在【1】号菜单中,用"上移"键或"下移"键选定"高级设置"项并按"确认"键后会进入【9】号菜单。在【9】号菜单中输入正确密码后,按"确认"键后会进入【6】号菜单,可对执行器进行高级设置,如图5-8所示。

图 5-8　高级设置子菜单组态画面

(1) 调节控制。在【6】号菜单中,用"上移"键或"下移"键选定"调节控制"项后,该行的右边将显示以前的设定选项("允许"或"禁止")。"允许"表示远方模拟量控制,"禁止"表示禁止远方模拟量控制。用"加""减"键选择所需的选项,用"确认"键保存修改。

(2) ESD(紧急停车保护)设置。在【6】号菜单中,用"上移"键或"下移"键选定"ESD 设置"项后,该行的右边将显示以前的设定选项("允许"或"禁止")。"允许"表示允许 ESD 控制,"禁止"表示禁止 ESD 控制。用"加""减"键选择所需的选项,用"确认"键保存修改。选择"允许"并按"确认"键后,屏幕将显示【14】号菜单的内容,如图5-9所示。

①ESD动位设置。ESD动位是指紧急情况下(即执行器检测到ESD控制信号端子上出现ESD有效信号时)执行器所执行的动作。有3种ESD动位:"全开""全关"和"保位"。在【14】号菜单中,用"上移"键或"下移"键选定"ESD动位"项后,该行的右边将显示以前设定的选项("全关"或"全开"或"保位")。用"加""减"键选择所需的选项,用"确认"键保存修改。

【14】	
ESD动位	全关/全开/保位
ESD有效电平	高/低
ESD超越过热	是/否
ESD超越停止	是/否
ESD超越间断	是/否
ESD超越过矩	是/否

图5-9　ESD控制设置组态画面

②ESD有效电平设置。执行器ESD控制信号端子上输入的信号可有两种电平值:有电压信号称为高电平;无电压信号称为低电平。在【14】号菜单中,用"上移"键或"下移"键选定"ESD有效电平"项后,该行的右边将显示以前设定的选项("高"或"低")。用"加""减"键选择所需的选项,用"确认"键保存修改。

③ESD超越过热设置。ESD超越过热是指即使出现"电机过热"报警,也要执行ESD控制动作。在【14】号菜单中,用"上移"键或"下移"键选定"ESD超越过热"项后,该行的右边将显示以前设定的选项("是"或"否"),用"加""减"键选择所需的选项,用"确认"键保存修改。

④ESD超越停止设置。ESD超越停止是指即使处于"停止"位置,也要执行ESD控制动作。在【14】号菜单中,用"上移"键或"下移"键选定"ESD超越停止"项后,该行的右边将显示以前设定的选项("是"或"否"),用"加""减"键选择所需的选项,用"确认"键保存修改。

⑤ESD超越间断设置。ESD超越间断是指即使执行器工作处于"间断运行"模式,也要执行ESD控制动作。在【14】号菜单中,用"上移"键或"下移"键选定"ESD超越间断"项后,该行的右边将显示以前设定的选项("是"或"否")。用"加""减"键选择所需的选项,用"确认"键保存修改。

⑥ESD超越过矩设置。ESD超越过矩是指即使执行器处于过矩状态,也要执行ESD控制动作。在【14】号菜单中,用"上移"键或"下移"键选定"ESD超越过矩"项后,该行的右边将显示以前设定的选项("是"或"否"),用"加""减"键选择所需的选项,用"确认"键保存修改。

(3) 总线设置。当通过 MODBUS 或 CAN 现场总线方式控制执行器时，需要预先进行设置。在【6】号菜单中，用"上移"键或"下移"键选定"总线设置"项并按"确认"键后，屏幕会显示【16】号菜单的内容，如图 5-10 所示。

通道地址是指总线控制时所能被主控系统（主站）和自身识别的身份代码。如果采用双通道冗余配置，则需要设置Ⅰ通道和Ⅱ通道的地址；否则只需要设置Ⅰ通道地址。

注：本机地址重设以后，执行器须先断电，再重新上电，这样能保证 MODBUS 或 CAN 总线控制正常工作。

【16】	
Ⅰ通道地址	XXX#
Ⅱ通道地址	XXX#
波特率	XX.X k bit/s
奇偶校验	奇/偶/无
总线ESD	允许/禁止
丢信时间	XXX
辅助远控	允许/禁止
辅助ESD	允许/禁止

图 5-10　通讯参数设置组态画面

①Ⅰ通道地址（仅适用于 MODBUS、CAN 总线产品，其他产品无此选项）。在【16】号菜单中，用"上移"键或"下移"键选定"Ⅰ通道地址"项后，该行的右边将显示以前设定的地址值。用"加""减"键可在 1～126 范围内选择所需的值，用"确认"键保存修改。

②Ⅱ通道地址（仅适用于 MODBUS、CAN 总线产品，其他产品无此选项）。在【16】号菜单中，用"上移"键或"下移"键选定"Ⅱ通道地址"项后，该行的右边将显示以前设定的地址值。用"加""减"键可在 1～126 范围内选择所需的值，用"确认"键保存修改。

③波特率（仅适用于 MODBUS 总线产品，其他产品无此选项）。波特率是指总线控制回路上每秒传送的数据位数，通常用 kbit/s 表示。在【16】号菜单中，用"上移"键或"下移"键选定"波特率"项后，该行的右边将显示以前设定的波特率值。用"加""减"键可在 1～126 选择所需的值，用"确认"键保存修改。

④奇偶校验（仅适用于 MODBUS 总线产品，其他产品无此选项）。奇偶校验是指总线控制回路上传送的数据中校验位的设置。在【16】号菜单中，用"上移"键或"下移"键选定"奇偶校验"项后，该行的右边将显示以前设定的校验位的选项（"奇"或"偶"或"无"）。用"加""减"键选择所需的选项，用"确认"键保存修改。

⑤总线 ESD(仅适用于 MODBUS 总线产品,其他产品无此选项)。总线 ESD 选择是指执行器接收到"总线 ESD"信号时执行器应进行的动作。"总线 ESD"选项中有 2 个分项:"允许"指的是按照【14】号菜单中的 ESD 动位运行到指定的位置;"禁止"指的是不使用总线 ESD 功能。在【16】号菜单中,用"上移"键或"下移"键选定"总线 ESD"项后,该行的右边将显示以前设定的选项("允许"或"禁止")。用"加""减"键选择所需的选项,用"确认"键保存修改。

⑥丢信时间(仅适用于 MODBUS 总线产品,其他产品无此选项)。丢信时间是指执行器接收不到总线信号的容许时间。若超过此时间还接收不到总线信号,则判定为总线信号丢失。此时,执行器将按照在【2】号菜单中"丢信动位"项的设定要求进行动作。在【16】号菜单中,用"上移"键或"下移"键选定"丢信时间"项后,该行的右边将显示以前设定的丢信时间值。用"加""减"键可在 1~255 s 范围内选择所需的值,用"确认"键保存修改。

⑦辅助远控(仅适用于 MODBUS 总线产品,其他产品无此选项)。辅助远控用于明确执行器的接线端表中的 22、23、24 号端子的用途:若作为普通状态信号输入端,则该端为高电平(正电压)时向主站反馈 1,反之反馈 0;若作为远方打开控制信号输入端,则该端为高电平时(正电压),表明执行器已收到要求进行开动作的控制命令。在【16】号菜单中,用"上移"键或"下移"键选定"辅助远控"项后,该行的右边将显示以前设定的选项。用"加""减"键选择所需的选项,用"确认"键保存修改。

⑧辅助 ESD(仅适用于 MODBUS 总线产品,其他产品无此选项)。辅助 ESD 用于明确执行器的接线端表中的 12 号端子的用途:若作为普通状态信号输入端,则该端为高电平(正电压)时向主站反馈 1,反之反馈 0;若作为远方关闭控制信号输入端,则该端为高电平时(正电压),表明执行器已收到要求进行 ESD 动作的控制命令。在【16】号菜单中,用"上移"键或"下移"键选定"辅助 ESD"项后,该行的右边将显示以前设定的选项,用"加""减"键选择所需的选项,用"确认"键保存修改。

(4)关闭方式。在【6】号菜单中,用"上移"键或"下移"键选定"关闭方式"项后,该行的右边将显示以前设定的选项("限位"或"转矩"):"限位"表示执行器在接收到关闭信号后继续动作,到关限位时停止动作;"转矩"表示执行器在接收到关闭信号后继续动作,到关限位时不停止动作,到过矩时才停止动作,以保证执行器关严。用"加""减"键可使设定选项在"限位"和"转矩"之间切换,用"确认"键可保存修改。

(5)关闭方向。在【6】号菜单中,用"上移"键或"下移"键选定"关闭方向"项后,该行的右边将显示以前设定的选项("顺时针"或"逆时针"),按一下"返回"键则会退回上一级菜单,不会改变以前的设置,用户可以利用该特点来查询以前的设定选项(以下类同,不再赘述)。用"加""减"键可使设定选项在"顺时针"和"逆时针"之间切换,用"确认"键可保存修改。

注:执行器改变关闭方向后必须重新设定行程。

(6)正反作用。正作用控制电流低端对应阀位的全关以及电流高端对应阀位的全开;反作用控制电流低端对应阀位的全开以及电流高端对应阀位的全关。在【6】号菜单中,用"上移"键或"下移"键选定"正反作用"项后,该行的右边将显示以前设定的选项("正作用"或"反作用"),用"加""减"键选择所需设定选项,用"确认"键保存修改。

(7)转矩显示(配力矩开关的产品无此选项)。在【6】号菜单中,用"上移"键或"下移"键选定"转矩显示"项后,该行的右边将显示以前设定的选项("是"或"否")。若选定"是",执行器正常电动运转过程中(非设定画面),屏幕的下方将实时显示当前转矩(额定转矩的百分比)。用"加""减"键选择所需的选项,用"确认"键保存修改。

(8)反馈低端。在【6】号菜单中,用"上移"键或"下移"键选定"反馈低端"项后,该行的右边将显示以前设定的值("全关"或"全开")。用"加""减"键可使设定选项在"全关"和"全开"之间切换,用"确认"键保存修改。

(9)两线控制。两线控制是指执行器接受远方两线电动操作时的工作方式。在【6】号菜单中,用"上移"键或"下移"键选定"两线控制"项后,屏幕右侧将出现"允许"或"禁止"。若选择"允许",则可以进入【13】号菜单,如图5-11所示,用户可根据需要对【13】号菜单中的各子项进行设定;若选择"禁止",则执行器禁止两线操作。"有信开,无信关"是指中控室与执行器的连线

图 5-11　两线控制制方式组态画面

上有电压信号时执行器进行打开操作,连线上无电压信号时执行器进行关闭操作;"有信关,无信开"是指中控室与执行器的连线上有电压信号时执行器进行关闭操作,连线上无电压信号时执行器进行打开操作。

(10)电流标定。当用户送给执行器的4～20 mA电流与执行器以前的标定值存在差异,可用此项功能对用户发出的电流进行重新标定,使执行器和用户的4～20 mA电流发送设备具有相同的测量标准,以提高执行器控制的准确度。为了叙述方便,定义4 mA为信号低端(简称"低信"),20 mA为信号高端(简称"高信")。

①标定低信:在【6】号菜单中,用"上移"键或"下移"键选定"标定低信"项后,该行的右边将显示执行器采集到的控制电流值(mA)。此时,用户可给执行器发送控制电流的低端信号,电流稳定后按"确认"键可保存所采集到的电流值。

②标定高信:在【6】号菜单中,用"上移"键或"下移"键选定"标定高信"项后,该行的右边将显示执行器采集到的控制电流值(mA)。此时,用户可给执行器发送控制电流的高端信号,电流稳定后按"确认"键可保存所采集到的电流值。

注:在任何时候,用户都可用控制电流标定菜单来查询用户发出的电流值,但在控制电流信号未标定之前,查询到的值是不准确的。

(11)禁动时间(仅Q系列三相产品有此设置,其他产品无此选项)。禁动时间是指执行器两次动作之间的时间间隔(1.0～10.0 s)。在【6】号菜单中,用"上移"键或"下移"键选定"禁动时间"项后,该行的右边将显示以前设定的执行器禁动时间(s)。用"加""减"键可在1.0～10.0 s时间范围内选择所需的值,用"确认"键可保存修改。

(12)刹车制动。刹车制动是指执行器运动到目标位置后,再进行一次短暂动作(对于三相系统,短暂反向转动,以抵消执行器运动的惯性;对于单相系统,短暂同时刹车,以消耗执行器运动的惯性),以达到提高控制精度的目的。在【6】号菜单中,用"上移"键或"下移"键选定"刹车制动"项后,该行的右边将显示以前设定的执行器刹车制动时间(ms)。用"加""减"键可在时间范围内选择所需的值(无刹车制动为0 ms,三相系统为0～50 ms,单相系统为0～150 ms),用"确认"键可保存修改。

(13)停动时间(Q系列三相无此选项)。停动时间指的是执行器在刹车制动之前的停止时间。在【6】号菜单中,用"上移"键或"下移"键选定"停动时间"项后,该行的右边将显示以前设定的执行器停动时间(ms)。用"加""减"键可在时间范围内选择所需的值(三相系统为150~250 ms,单相系统为0~150 ms),用"确认"键可保存修改。

(14)间断运行。执行器的运行过程不是连续的,其间断运行是为适应那些需要在执行器打开或关闭时进行间歇性动作的场合而设计的。间断运行允许执行机构以脉冲方式执行关/开动作,有效地增加了行程时间,可防止液压冲击和流体喘振。在【6】号菜单中,用"上移"键或"下移"键选定"间断运行"项。若选择"否",则执行器的运行过程是正常的连续运行过程;若选择"是",则显示进入【E】号菜单,如图5-12所示,用户可根据需要间断运行的情况对【E】号菜单中的各子项进行设定。

图5-12 间断运行参数组态画面

①开向始位。开向始位是指执行器在开启方向运行过程中开启"间断运行"的起始位置。用"加""减"键在0~100%的开度值范围内选择所需的值,用"确认"键保存修改。

②开向终位。开向终位是指执行器在开启方向运行过程中终止"间断运行"的结束位置。用"加""减"键在0~100%的开度值范围内选择所需的值,用"确认"键保存修改。

注:开向终位必须始终大于开向始位。

③开向动程和关向动程。开向动程和关向动程是指执行器在执行"间断运行"操作中的每个间断运行期间所需要运行的行程值(开向动程和关向动程的设定值可以不一样)。用"加""减"键在2%~100%的开度值范围内选择所需的值,用"确认"键保存修改。

④开向停时和关向停时。开向停时和关向停时是指执行器在执行"间断运行"操作中的每个间断停动期间所需要的时间值(开向停时和关向停时的设定值可以不一样)。用"加""减"键在1~255 s的范围内选择所需的值,用

"确认"键保存修改。

⑤关向始位。关向始位是指执行器在关闭方向运行过程中开启"间断运行"的起始位置。用"加""减"键在0～100%的开度值范围内选择所需的值,用"确认"键保存修改。

⑥关向终位。关向终位是指执行器在关闭方向运行过程中终止"间断运行"的结束位置。用"加""减"键在0～100%的开度值范围内选择所需的值,用"确认"键保存修改。

注:关向终位必须始终小于关向始位。

(15)更改高级密码。在【6】号菜单中,用"上移"键或"下移"键选定"更改高级密码"项后,该行的右边将显示以前设定的高级密码。用"加""减"键可在0～255范围设定密码,用"确认"键保存修改。

(16)基本密码查询。在【6】号菜单中,用"上移"键或"下移"键选定"基本密码查询"项后,该行的右边将显示以前设定的基本密码。

(17)反馈密码查询。在【6】号菜单中,用"上移"键或"下移"键选定"反馈密码查询"项后,该行的右边将显示以前设定的反馈密码。

(18)保存出厂值。在【6】号菜单中,用"上移"键或"下移"键选定"出厂设置"项并输入出厂密码后可进入【12】号菜单,如图5-13所示。此项多用于制造商出厂前对产品参数和运行数据进行设置及查询不对用户开放。

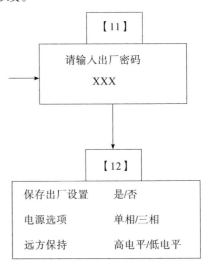

图5-13 出厂设置保存及查询画面

5.故障诊断

在【1】号菜单中,选定"故障诊断"项并按"确认"键后进入【10】号菜单,如图5-14所示。

(1)方式钮位置。在【10】号菜单中,选定"方式钮位置"项后,该行的右边将显示"方式钮"所处的位置。用户可对方式钮所处的位置进行查询:当方式钮(方式旋钮)处于"停止"位置时,【10】号菜单中"方式钮位置"项的右边显示

第 5 章 部分回转智能型阀门电动装置组装与试验

"停止"为正常,否则为不正常;当方式处于"现场"位置时,【10】号菜单中"方式钮位置"项的右边显示"现场"为正常,否则为不正常;当方式钮处于"远方"位置时,【10】号菜单中"方式钮位置"项的右边显示"远方"为正常,否则为不正常。

注:在该项中,无法用方式钮进行"返回"操作。

(2)操作钮位置。在【10】号菜单中,选定"操作钮位置"项后,该行的右边将显示"操作钮"所处的位置。用户可对操作钮所处的位置进行查询:当操作钮处于"打开"

【10】	
方式钮位置	停止/现场/远方
操作钮位置	打开/关闭/空位
远方打开信号	有/无
远方关闭信号	有/无
远方保持信号	有/无
远方自动信号	有/无
远方ESD信号	有/无
控制电流	XX.X mA
总线信号	有/无

图 5-14 故障诊断查询画面

位置时,【10】号菜单中"操作钮位置"项的右边显示"打开"为正常,否则为不正常;当操作钮处于"关闭"位置时,【10】号菜单中"操作钮位置"项的右边显示"关闭"为正常,否则为不正常;当操作钮(操作旋钮)处于"空位"位置时,【10】号菜单中"操作钮位置"项的右边显示"空位"为正常,否则为不正常。

注:在该项中,用操作钮进行"下移"操作或查询"关闭"位置时,屏幕均先显示"关闭",1 s后再转到下一项。

(3)远方打开信号。在【10】号菜单中,选中"远方打开信号"项,该行的右边将显示该信号的状态,即"有"或"无",用户由此可知该信号的状态。

(4)远方关闭信号。在【10】号菜单中,选中"远方关闭信号"项,该行的右边将显示该信号的状态,即"有"或"无",用户由此可知该信号的状态。

(5)远方保持信号。在【10】号菜单中,选中"远方保持信号"项,该行的右边将显示该信号的状态,即"有"或"无",用户由此可知该信号的状态。

(6)远方自动信号。在【10】号菜单中,选中"远方自动信号"项,该行的右边将显示该信号的状态,即"有"或"无",用户由此可知该信号的状态。

(7)远方 ESD 信号。在【10】号菜单中,选中"远方 ESD 信号"项,该行的右边将根据"ESD 设置"中的有效信号情况显示该信号的状态,即"有"或"无",用户由此可知该信号的状态。

(8)控制电流。在【10】号菜单中,选中"控制电流"项,该行的右边将显示执行器采集到的控制电流值(mA)。

(9)总线信号(仅总线型产品有此选项)。在【10】号菜单中,选中"总线信号"项,该行的右边将显示执行器的总线信号的状态,即"有"或"无",用户由此可知该信号是否正常。

6. 出厂缺省设定

出厂缺省设定是指用户没有特殊指定时的设定,如表 5-1 所示。

表 5-1　出厂缺省设定

常规产品					
参数名称	默认设置	参数名称	默认设置	参数名称	默认设置
调节控制	禁止	调节死区	1.5%	ESD 设置	禁止
丢信动位	保位	关闭方式	限位	显示方向	正显
现场控制	点动	关闭方向	顺时针	反馈低端	全关
正反作用	正作用	两线控制	禁止	刹车制动	0 ms
停动时间	150 ms	间断运行	禁止	基本密码	0
OUT1	关到位闭合	OUT2	开到位闭合	OUT3	—
OUT4	开过矩闭合	OUT5	远方位置闭合	OUT6	故障报警
配套转矩开关的产品					
参数名称	默认设置	参数名称	默认设置	参数名称	默认设置
关过矩值	100%	开过矩值	100%	转矩显示	是
CAN 总线类产品					
参数名称	默认设置	参数名称	默认设置	参数名称	默认设置
Ⅰ通道地址	3	丢信时间	10 s	调节行程	实际行程
Ⅱ通道地址	4	丢信动位	保位	辅助远控	允许
参数名称	默认设置	参数名称	默认设置	参数名称	默认设置
Ⅰ通道地址	3	波特率	9600 bit/s	调节行程	实际行程
Ⅱ通道地址	4	奇偶校验位	无	辅助远控	允许

5.3　试验方法

智能型阀门电动装置的试验项目包括试验电源、外观和装配检查、手轮

(柄)转动方向和输出轴转动方向检查、指示灯颜色检查、位置指示机构检查、噪声检查、绝缘电阻与耐压试验、手-电动切换检查、堵转转矩试验、公称转矩试验、转矩控制机构控制转矩的重复偏差试验、行程控制机构控制输出轴位置的重复偏差试验、强度试验以及寿命试验等,试验方法及技术条件应符合《普通型阀门电动装置》(GB/T 24923—2010)和《智能型阀门电动装置技术条件》(GB/T 28270—2012)的相关规定。

隔爆型阀门电动装置试验项目包括隔爆外壳的耐压试验、橡胶件的老化试验、电缆引入装置试验、隔爆性能试验、最高表面温度的测定、外壳防护等级试验等,试验方法及技术条件应符合《隔爆型阀门电动装置技术条件》(GB/T 24922—2010)的相关规定。

5.4 试验项目及结果

按本书1.4节进行试验,试验结果如表5-2所列。

表5-2 试验项目及结果

序号	试验项目	技术要求	试验记录	试验结果
1	电源	三相:380V AC(±10%),50 Hz(±1%)	395V AC/50 Hz	合格
		单相:220V AC(−15%~10%),50 Hz(±1%)	231V AC/50 Hz	合格
2	工作环境温度	−30~60 ℃	29 ℃	合格
3	相对湿度	≤90%(25 ℃)	45%	合格
4	电动机最大功率	1.1 kW	1.1 kW	合格
5	短时工作制	其时限为 10 min	10 min	合格
6	远方 DC 4~20 mA 控制	负载持续率10%~80%	50%	合格
		动作频率≤630 次/h	550 次/h	合格
		精度等级 1 级	1%	合格
7	输出触电容量	250 V AC/5 A	250 V AC/5 A	合格

续表

序号	试验项目	技术要求	试验记录	试验结果
8	位置信号输出 DC 4～20 mA,电流信号负载阻抗不小于 500 Ω	同名称	600 Ω	合格
9	耐震	能承受频率为 10 Hz,加速度为 0.5g(g 为重力加速度)	10 Hz/0.5 g	合格
10	现场/远方可通过工作方式钮切换	同名称	切换正常	合格
11	现场开、关、停可通过操作钮控制	同名称	控制正常	合格
12	远方 DC 4～20 mA 模拟量控制,并且有标定功能	同名称	远方 4～20 mA 标定正常,控制正常	合格
13	远方开、关、保持控制	同名称	控制正常	合格
14	断电保位	同名称	断电保位正常	合格
15	自动相序识别	同名称	自动相序识别正常	合格
16	阀位信号输出 DC 4～20 mA	可标定	关位 4 mA 开位 20 mA	合格
17	无源信号输出 4 组	开到位、关到位、远方控制、故障(开/关过力矩、缺相)	4 组无源信号输出正常	合格
18	机械力矩,开、关方向分别一对常开、常闭触点输出	同名称	力矩开、关各有一对常开、常闭触点输出	合格
19	编码器控制行程	同名称	编码器输出正常	合格
20	红外遥控组态设定	同名称	组态正常	合格
21	红外遥控阀位控制	同名称	可控制	合格
22	行程百分比显示	0 为全关,100% 为全开	0 和 100% 分别对应全关、全开位	合格
23	现场、远方、故障(开/关过力矩、缺相)屏显或指示灯显示均可	同名称	相应位置的屏显与指示灯均正常	合格
24	行程调整不开盖,简单明了,屏显或指示灯均可	同名称	免开盖调试,屏显与指示灯均正常	合格

续表

序号	试验项目	技术要求	试验记录	试验结果
25	力矩控制精度	$-5\% \sim 5\%$	$\pm 3\%$	合格
26	行程控制精度	$-1\% \sim 1\%$	$\pm 0.5\%$	合格
27	死区调整区间	$0.1\% \sim 9.9\%$	可调整	合格
28	现场总线通信	同名称	通信正常	合格

第6章 结论与展望

6.1 结论

本书以部分回转阀门电动装置的智能化为例,介绍了以上海灵动微电子股份有限公司提供的通用32位MM32F5系列微控制器MM32F5287K7PV为核心,并配以外部电路,在软件的策应下实现阀门电动装置智能化改造升级的理论依据、方案论证和实施方法。该设计集机械驱动与传动技术、防爆技术、微控制器技术、检测技术、自动控制技术以及现场总线网络技术为一体,解决了微控制器依赖进口的瓶颈问题,适应阀门电动装置的智能化发展趋势,在高精度化、闭环化、AI化、总线化、小型化等方面都有了较大改进。

(1)以32位微控制器为核心的阀门电动装置控制单元具有高性能且内含丰富的硬件资源,不仅提高了运算速度、降低了硬件设计开销,还为电动机精细化控制、物联网技术应用等领域提供了技术支撑。

(2)满足隔爆需求,在不打开罩盖情况下,可通过红外线遥控器现场组态完成工作方式和参数设定,通过旋钮感应切换现场/远方工作方式和现场操控阀门的打开/关闭。

(3)阀位采用单圈增量式编码器检测,并采用四倍频鉴相的方案,提高了检测精度。

(4)采用高精度电流传感器实现非接触式的转矩检测方式,不仅保证了转矩控制精度与保护性能,也提供了供电电流保护。

(5)将数字PID控制规律与PWM控制技术结合,用于线性调节,构成电动机转动闭环控制,提高了控制精度。

(6)微控制器硬件采用CAN和MODBUS-RTU总线,用于网络控制,提高了可靠性。

(7)采用PWM技术实现了阀位电流隔离反馈输出。

(8)采用自校准技术,保证了阀位电流的反馈输出和远方模拟量的控制精度。

(9)采用故障自诊断技术,不仅保证了电动机供电电源缺相保护和相序自适应换相控制,还提高了抗干扰能力,杜绝了程序运行出现异常的可能性,同时也可实现对整机运行的状态的实时检测和诊断。

6.2 展望

(1)微控制器内部资源再开发。本设计采用了适用于工业控制和物联网的通用 32 位 MM32F5 系列微控制器中的 MM32F5280,微控制器采用了 LQFP64 的封装形式,型号为 MM32F5287K7PV。但从本质上来说,还有一些内部资源没有得到充分利用,如微控制器内含以太网的媒体访问控制器,可用于在以太网中发送和接收数据;又比如微控制器内含的 CORDIC 坐标旋转算法,可根据电动机应用的需求进行细化,设计出能直接运算 sin、cos、atan 函数,间接运算 tan 函数的 CORDIC IP;再比如微控制器内含 USB_FS 全速 USB 控制器,可支持配置为 OTG 双角色设备(dual-role device),也可仅配置为 USB device 设备或 USB_HOST 嵌入式主机。针对这些内含的功能资源,可以选用封装形式为 LQFP144 或 LQFP100、具体型号为 MM32F5280 的微控制器,进一步开展设计,应用于阀门电动装置智能化设计中,以扩展局域网技术、电动机精细化控制技术以及实时数据转储技术应用。

(2)SPWM 变频控制技术应用。本设计中电动机驱动单元采用继电器控制电动机电源,为满足 4~20 mA 线性调节要求,采用 PWM 控制技术实现阀位控制。为实现对阀门电动装置阀位控制的精度,考虑到变频电动机具有高的起动转矩倍数、低的起动电流倍数、小的转动惯量和断续工作制等特点,可优先采用正弦波脉宽调制技术(sine pulse width modulation,SPWM),通常通过自然采样法、规则采样法以及指定谐波消除法产生 PWM 波,这些方法产生的脉冲宽度按正弦波的规律变化,从而生成和正弦波等效的 PWM 波形。电动机驱动的单元开关器件可选用以绝缘栅双极晶体管(insulated gate bipolar transistor,IGBT)、电力金属氧化物-半导体场效应晶体管

(metal-oxide-semiconductor field-effect transistor,MOSFET)等为代表的全控型器件,设计 PWM 逆变电路。载波对正弦信号波的调制会产生和载波有关的谐波分量,这些谐波分量的频率和幅值是衡量 PWM 逆变电路性能的重要指标。提高直流电压利用率、减少开关次数在 PWM 型逆变电路中也是很重要的。由此可见,深入研究和采用 SPWM 变频控制技术构成阀位-速度串级调节系统是提高线性调节控制精度的有效途径。

参考文献

[1]全国阀门标准化技术委员会.普通型阀门电动装置技术条件:GB/T 24923—2010[S].北京:中国标准出版社,2010.

[2]全国阀门标准化技术委员会.隔爆型阀门电动装置技术条件:GB/T 24922—2010[S].北京:中国标准出版社,2010.

[3]全国阀门标准化技术委员会.智能型阀门电动装置:GB/T 28270—2012[S].北京:中国标准出版社,2012.

[4]全国旋转电机标准化技术委员会.YDF2系列阀门电动装置用三相异步电动机技术条件:JB/T 2195—2011[S].北京:机械工业出版社,2012.

[5]全国阀门标准化技术委员会.部分回转阀门驱动装置的连接:GB/T 12223—2023[S].北京:中国标准出版社,2023.

[6]上海灵动微电子技术有限公司.MM32F5280产品手册[EB/OL][2023-03-08].https://www.mindmotion.com.cn/products/mm32mcu/mm32f/mm32f_performance/mm32f5280/.

[7]黄明亚,项美根,王庆宪.智能型阀门电动装置相关标准规定的分析与研究[J].阀门,2014(3):27-29.

[8]Poker Joker.智能电动执行器的特点、类别对比和发展趋势分析[EB/OL].(2020-06-13)[2023-03-08].www.elecfans.com/kongzhijishu/1229610.html.

[9]陶仁浩.基于增量式光电编码器的高精度位置检测技术研究[D].南京:南京航空航天大学,2012.

[10]罗兆荣.智能变频电动执行机构的研究与设计[D].扬州:扬州大学,2021.

[11]崔岩松.电路设计、仿真与PCB设计:从模拟电路、数字电路、射频

电路、控制电路到信号完整性分析[M].北京:清华大学出版社,2019.

[12]邢云,朱磊,葛生喆.阀门专用电动机结构特点分析[J].电气开关,2012,50(6):31-34,36.

[13]苏建林,韩震宇,程文,等.智能电动阀门控制器的设计[J].仪表技术与传感器,2009(8):26-29.

[14]吴凤江,葛文刚,白绪涛,等.一种智能型阀门电动装置的研制[J].流体机械,2006,34(11):31-33,27.